视频教学

步步图解

自动化综合技能

PLC、变频器、控制电路，实战讲解

分解图　直观学　易懂易查
看视频　跟着做　快速上手

双色印刷

韩雪涛　主编

吴瑛　韩广兴　副主编

机械工业出版社
CHINA MACHINE PRESS

U0162473

本书全面系统地讲解了自动化技术及应用的专业知识和实操技能。为了确保图书的品质和特色，本书对自动化技术及应用的知识体系进行了系统的梳理，将国家职业资格标准和行业培训规范融入图书的教学体系中。全书内容包括：电气控制基础知识、电气控制关系、传感器与传感器控制、遥控及自动报警控制、微处理器与微处理器控制电路、直流电动机的电气控制、单相交流电动机的电气控制、三相交流电动机的电气控制、机电设备的自动化控制、变频及软起动控制、PLC控制，以及自动化综合控制应用。

本书可供电工技术入门人员、电子技术入门人员及维修技术入门人员学习使用，也可供相关职业院校师生和相关电工电子技术爱好者阅读。

图书在版编目（CIP）数据

步步图解自动化综合技能/韩雪涛主编. —北京：
机械工业出版社，2021.5（2024.5重印）
ISBN 978-7-111-67783-3

Ⅰ.①步… Ⅱ.①韩… Ⅲ.①自动化技术–图解
Ⅳ.①TP2-64

中国版本图书馆 CIP 数据核字（2021）第 048501 号

机械工业出版社（北京市百万庄大街22号　邮政编码100037）
策划编辑：任　鑫　责任编辑：翟天睿
责任校对：肖　琳　封面设计：王　旭
责任印制：郜　敏
中煤（北京）印务有限公司印刷
2024年5月第1版第4次印刷
148mm×210mm · 10.5 印张 · 341 千字
标准书号：ISBN 978-7-111-67783-3
定价：45.00 元

电话服务　　　　　　　　　网络服务
客服电话：010-88361066　　机　工　官　网：www.cmpbook.com
　　　　　010-88379833　　机　工　官　博：weibo.com/cmp1952
　　　　　010-68326294　　金　书　网：www.golden-book.com
封底无防伪标均为盗版　机工教育服务网：www.cmpedu.com

前　言

近几年，随着电气自动化水平的升级，社会整体自动化控制及应用领域不断扩大。在电工电子领域，自动化技术及应用已经成为社会关注度极高的就业方向。具备合格的电气线路规划设计能力，掌握电气线路的智能控制原理、调试、改造，以及 PLC、变频等控制技术应用的能力是从事自动化技术相关工作所必须具备的专业技能。

纵观行业的发展和需求不难发现，自动化技术及应用不仅要求从业人员掌握专业的电气线路、PLC 及变频控制知识，同时还必须练就过硬的实操技能。这对于从事和希望从事自动化技术及应用的从业人员来说是一个极大的挑战。

如何能够在短时间内完成知识的系统化学习，同时能够得到专业的实操技能指导成为很多从业者面临的问题。

本书就是专门针对自动化技术及应用领域的从业人员编写的"图解类"技能指导培训图书。

针对新时代读者的特点和需求，本书从知识架构、内容安排、呈现方式等多方面进行了全新的创新和尝试。

1. 知识架构

本书对自动化技术及应用的知识体系进行了系统的梳理。从基础知识开始，从实用角度出发，成体系地、循序渐进地讲解知识，教授技能，让读者加深对基础知识的理解，避免工作中出现低级错误，明确基本技能的操作方法，提高基本职业素养。

2. 内容安排

本书注重基础知识的实用性和专业技能的实操性。在基础知识方面，以技能为主导，知识以实用、够用为原则；在内容的讲解方面，力求简单明了，充分利用图片化演示代替冗长的文字说明。让读者直观地通过图例掌握知识内容。在技能的锻炼方面，以实际案例为依托，注重技能的规范性和延伸性，力求让读者通过技能训练掌握过硬的本领，指导实际工作。

3. 呈现方式

本书充分发挥图解特色，在专业知识方面，将晦涩难懂的冗长文字简化、包含在图中，让读者通过读图便可直观地掌握所要体现的知识内容。在实操技能方面，通过大量的操作照片、细节图解、透视图、结构图等图解演绎手法让读者在第一时间得到最直观、最真实的案例重现，确保在最短时间内获得最大的收获，从而指导工作。

4. 版式设计

本书在版式的设计上更加丰富，多个模块的互补既确保学习和练习的融合，同时又增强了互动性，提升了学习的兴趣，充分调动学习者的主观能动性，让学习者在轻松的氛围下自主地完成学习。

5. 技术保证

在图书的专业性方面，本书由数码维修工程师鉴定指导中心组织编写，图书编委会中的成员都具备丰富的维修知识和培训经验。书中所有的内容均来源于实际的教学和工作案例，从而确保图书的权威性、真实性。

6. 增值服务

在图书的增值服务方面，本书依托数码维修工程师鉴定指导中心提供全方位的技术支持和服务。为了获得更好的学习效果，本书充分考虑读者的学习习惯，在图书中增设了二维码学习方式。读者通过手机扫描二维码即可打开相关的学习视频进行自主学习，不仅提升了学习效率，同时增强了学习的趣味性和效果。

读者在阅读过程中如遇到任何问题，可通过以下方式与我们取得联系：

网络平台：www.chinadse.org

咨询电话：022-83718162/83715667/13114807267

联系地址：天津市南开区华苑产业园区天发科技园 8-1-401

邮政编码：300384

　　为了方便读者学习，本书电路图中所用的电路图形符号与厂商实物标注（各厂商的标注不完全一致）一致，未进行统一处理。

　　在专业知识和技能提升方面，我们也一直在学习和探索，由于水平有限，编写时间仓促，书中难免会出现一些疏漏，欢迎读者指正，也期待与您的技术交流。

目 录

P11, P13

P24, P28, P30,
P34, P38, P44

P46, P48, P50,
P53, P55, P60

P69

P176, P185

P266

第1章

电气控制基础知识

1.1 电磁感应与交直流

1.1.1 电磁感应

 1. 电流感应磁场

通俗地讲，磁场就是存在磁力的场所，可以用铁粉末验证磁场的存在。图 1-1 所示为磁铁周围的磁场现象。

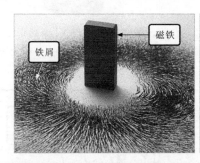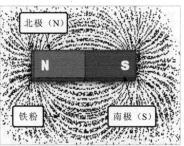

图 1-1　磁铁周围的磁场

两个磁极附近和两个磁极之间被磁化的铁粉所形成的纹路图案是很有规律的线条。它是从磁体的 N 极出发经过空间到磁体的 S 极的线条，在磁体内部从 S 极又回到 N 极，形成一个封闭的环。通常磁力线的方向就是磁体 N 极所指的方向。

　　磁铁的磁极之间存在的由铁粉构成的曲线，代表着磁极之间相互作用的强弱。只要有磁极存在，它就向空间不断地发出磁力线，而且离磁极越近的地方磁力线的密度越大，而远处磁力线的排列则比较稀疏。

　　如图1-2所示，如果金属导线通过电流，那么借助铁粉末，可以看到在导线的周围也会产生磁场，而且导线中通过的电流越大，产生的磁场越强。

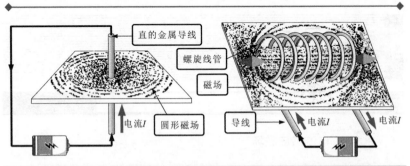

图1-2　电流感应出磁场

　　流过导体的电流的方向和所产生的磁场方向之间有着明确的关系。图1-3所示为右手定则（即安培定则），说明了电流周围磁场方向与电流方向的关系。

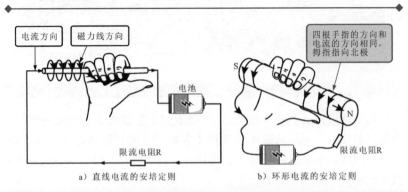

a）直线电流的安培定则　　　　　b）环形电流的安培定则

图1-3　安培定则（右手定则）

直线电流的安培定则：用右手握住导线，让伸直的大拇指所指的方向与电流的方向一致，那么弯曲的四指所指的方向就是磁力线的环绕方向，如图1-3a所示。

环形电流的安培定则：让右手弯曲的四指和环形电流的方向一致，那么伸直的大拇指所指的方向就是环形电流中心轴线上磁力线（磁场）的方向，如图1-3b所示。

 2. 磁场感应出电流

磁场也能感应出电流，把一个螺线管两端接上检测电流的检流计，在螺线管内部放置一根磁铁。当把磁铁很快地抽出螺线管时，可以看到检流计的指针发生了偏转，而且磁铁抽出的速度越快，检流计指针偏转的程度越大，如图1-4所示。同样，如果把磁铁插入螺线管，则检流计的指针也会偏转，但是偏转方向和抽出时相反，检流计指针偏摆表明线圈内有电流产生。

也就是说，当闭合回路中一部分导体在磁场中做切割磁感线运动时，回路中就有电流产生；当穿过闭合线圈的磁通发生变化时，线圈中有电流产生。这种由磁产生电的现象，称为电磁感应现象，产生的电流叫感应电流。

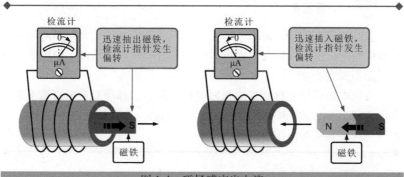

图1-4　磁场感应出电流

相关资料

感应电流的方向与导体切割磁力线的运动方向和磁场方向有关，即当闭合回路中一部分导体做切割磁力线运动时，所产生的感应电流方向可用右手定则来判断，如图1-5所示。伸开右手，使拇指与四指垂直，并都与手掌在一个平面内，让磁力线穿入手心，拇指指向导体运动方向，四指所指的即为感应电流的方向。

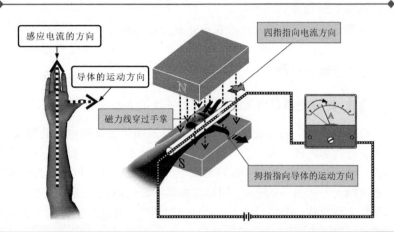

图 1-5　右手定则

1.1.2　交流电与直流电

 1. 直流电

直流电（Direct Current，DC）的电流流向单一，其方向不随时间做周期性变化，即电流的方向固定不变，是由正极流向负极，但电流的大小可能不固定。

直流电可以分为脉动直流和恒定直流两种，脉动直流中直流电流大小不稳定；而恒定电流中的直流电流大小能够一直保持恒定不变。图 1-6 所示为脉动直流和恒定直流。

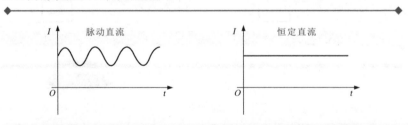

图 1-6　脉动直流和恒定直流

要点说明

> 一般将可提供直流电的装置称为直流电源，它是一种能在电路中形成并保持恒定直流的供电装置，例如干电池、蓄电池、直流发电机等。直流电源有正、负两极、当直流电源为电路供电时，直流电源能够使电路两端保持恒定的电位差，从而在外电路中形成由电源正极到负极的电流，如图1-7所示。

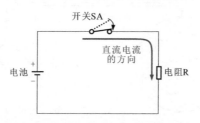

图1-7 直流的形成

 2. 交流电

交流电（Alternating Current，AC）一般是指电流的大小和方向会随时间做周期性的变化。

我们在日常生活中所有的电气产品都需要有供电电源才能正常工作，大多数的电器设备都是由交流220V、50Hz的市电作为供电电源。这是我国公共用电的统一标准，交流220V电压是指相线（即火线）对零线的电压。

交流电是由交流发电机产生的，交流发电机可以产生单相和多相交流电压，如图1-8所示。

（1）单相交流电 单相交流电是以一个交变电动势作为电源的电力系统。在单相交流电路中，只具有单一的交流电压，电流和电压都按一定的频率随时间变化。

图1-9所示为单相交流电的产生。在单相交流发电机中，只有一个线圈绕制在铁心上构成定子，转子是永磁体，其内部的定子上有一组线圈，它所产生的感应电动势（电压）也为一组，由两条线进行传输，这种电源就是单相电源，这种配电方式称为单相二线制。

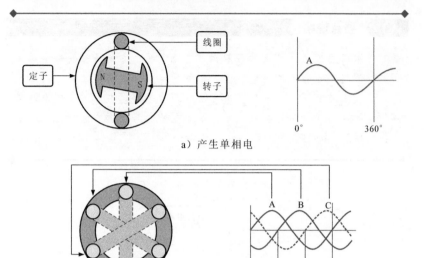

a）产生单相电

b）产生多相电

图 1-8　单向交流电和多相交流电的产生

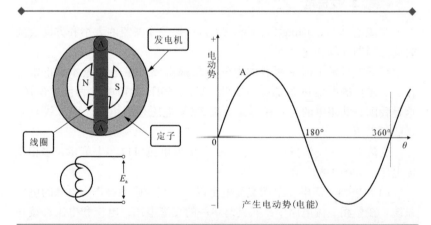

图 1-9　单相交流电的产生

（2）多相交流电　多相交流电根据相线数量的不同，可以分为两相交流电和三相交流电。

图 1-10 所示为两相交流电的产生。在发电机内设有两组定子线圈互相垂直的分布在转子外围。转子旋转时两组定子线圈产生两组感应电

动势，这两组电动势之间有 90° 的相位差，这种电源为两相电源，这种方式多在自动化设备中使用。

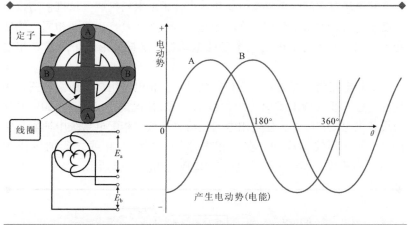

图 1-10　两相交流电的产生

图 1-11 所示为三相交流发电机。通常，把三相电源电路中的电压和电流统称三相交流电，这种电源由三条线来传输，三线之间的电压大小相等（380V）、频率相同（50Hz）、相位差为 120°。三相 380V 交流电源是我国采用的统一标准。

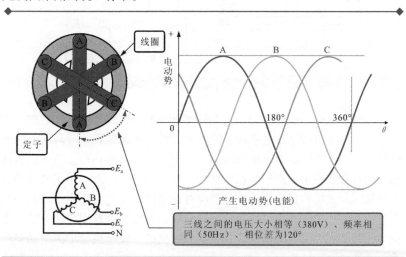

三线之间的电压大小相等（380V）、频率相同（50Hz）、相位差为120°

图 1-11　三相交流发电机

三相交流电是由三相交流发电机产生的。在定子槽内放置着三个结构相同的定子绕组 A、B、C，这些绕组在空间上互隔 120°。转子旋转时，其磁场在空间按正弦规律变化，当转子由水轮机或汽轮机带动以角速度 ω 等速顺时针旋转时，在三个定子绕组中，就产生频率相同、幅值相等、相位上互差 120° 的三个正弦电动势，这样就形成了对称三相电动势。

三相电路由三相电源、三相负载以及三相电路组成，通常有三根相线和一根零线（标准术语为中性线），一般情况下三相电为 380V 多动力设备供电。实际上，住宅用电的供给也是从三相配电系统中抽取其中的某一相与零线构成的。在三相电路中，相线与相线之间的电压为 380V，而相线与零线之间的电压为 220V，如图 1-12 所示。

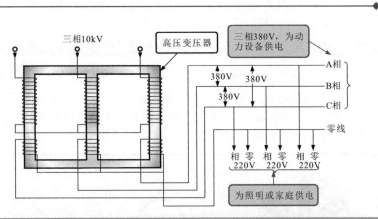

图 1-12　三相交流电路电压的测量

交流发电机的基本结构如图 1-13 所示，转子是由永磁体构成的，当水轮机或汽轮机带动发电机转子旋转时，转子磁极旋转，会对定子线圈辐射磁场，定子线圈切割磁力线，使其中产生感应电动势，转子磁极转动一周就会使定子线圈产生相应的电动势（电压）。由于感应电动势的强弱与感应磁场的强度成正比，感应电动势的极性也与感应磁场的极性相对应，所以定子线圈所受到的感应磁场是交替周期性变化的。转子磁极匀速转动时，感应磁场是按正弦规律变化的，发电机输出的电动势则为正弦波形。

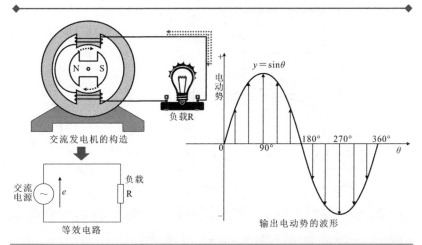

图 1-13 交流发电机的结构和原理

⊙ 要点说明

　　发电机是根据电磁感应原理产生电动势的，当线圈受到变化磁场的作用（即线圈切割磁力线时便会产生感应磁场，感应磁场的方向与作用磁场方向相反。发电机的转子可以被看作是一个永磁体，如图 1-14a 所示。当 N 极旋转并接近定子线圈时，会使定子线圈产生感应磁场，方向为 N/S，线圈产生的感应电动势为一个逐渐增强的曲线，当转子磁极转过线圈继续旋转时，感应磁场则逐渐减小。

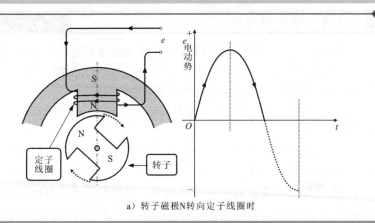

a）转子磁极N转向定子线圈时

图 1-14 发电机感应电动势产生的过程

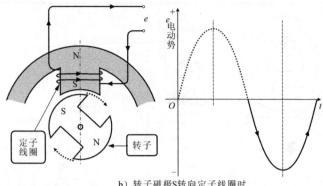

b）转子磁极S转向定子线圈时

图 1-14　发电机感应电动势产生的过程（续）

　　当转子磁极继续旋转时，转子磁极 S 开始接近定子线圈，磁场的磁极发生了变化，如图 1-14b 所示，定子线圈所产生的感应电动势极性也翻转 180°，感应电动势输出为反向变化的曲线。转子旋转一周，感应电动势又会重复变化一次。由于转子旋转的速度是均匀恒定的，因此输出电动势的波形为正弦波。

1.2　供配电方式

1.2.1　单相供配电

　　单相供配电是指采用交流 220V 电压作为能量源进行供电和配电的系统。普通的家庭用电和公共照明设备等多采用 220V 电压供电。图 1-15 所示为家用低压供配电线路的基本结构组成。

　　在单相供配电系统中，根据电路接线方式不同，有单相两线制和单相三线制两种。

　　（1）单相两线制　单相两线制是指供配电线路仅由一根相线（L）和一根零线（N）构成，通过这两根线获取 220V 单相电压，分配给各用电设备。图 1-16 所示为典型的单相两线制配电系统在家庭照明中的应用。

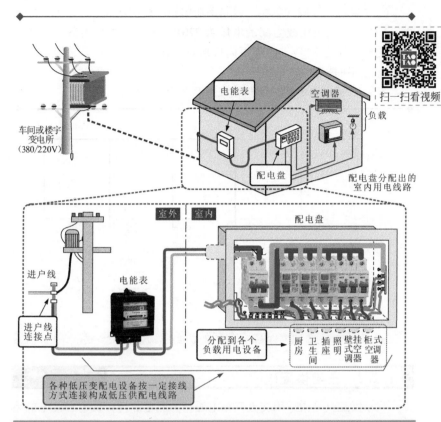

扫一扫看视频

图 1-15 家用低压供配电线路的结构组成

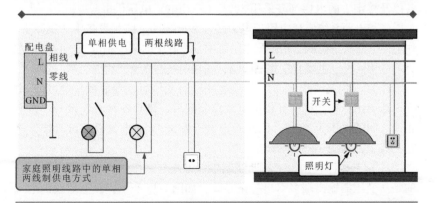

图 1-16 单相两线制在家庭照明中的应用

（2）单相三线制　单相三线制是在单相两线式基础上，添加一根地线。其中，地线与相线之间的电压为220V，零线（中性线N）与相线（L）之间电压为220V。由于不同接地点存在一定的电位差，因而零线与地线之间可能有一定的电压。

图1-17所示为单相三线制在家庭照明中的应用。

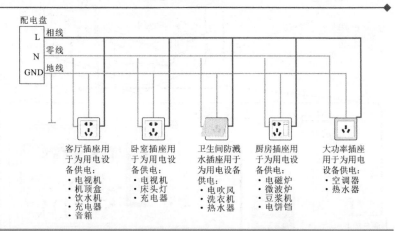

图1-17　单相三线制在家庭照明中的应用

1.2.2　三相供配电

三相供配电是指采用交流三相电源作为能量源进行供电和配电的系统。在工厂、建筑工地、大部分工业用大功率设备、电力拖动等动力设备以及楼宇中的电梯等多采用380V（三相电）电压供电。

三相电源系统广泛应用于电力传输和分配的电路和设备中。实际上，住宅用电的供给是从三相供配电系统中抽取其中的某一相电压。目前，常见的三相供配电主要有三相三线制、三相四线制以及三相五线制三种。

（1）三相三线制　高压电经过变压器变压后，变成低压380V，由变压器引出三根相线，经供配电线路分配后，供给各种电气设备。每根相线之间的电压为380V，因此额定电压为380V的电气设备可直接连接在相线上，如图1-18所示。

（2）三相四线制　三相四线制供电方式与三相三线制供电方法不同的是从变压器输出端多引出一条零线，如图1-19所示，接上零线的电气设备在工作时，电流经过电气设备进行做功，没有做功的电流就可经零线回到电厂，对电气设备起到了保护的作用，这种供配电方式常用于 380/220V 低压动力与照明混合配电。

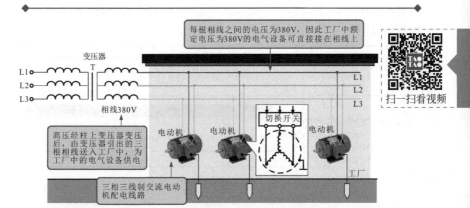

图 1-18　三相三线制在电力拖动系统中的应用

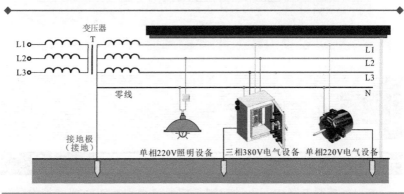

图 1-19　三相四线制的应用示意图

要点说明

　　在三相四线制供电方式中，三相负载不平衡或低压电网的零线过长且阻抗过大时，零线将有零序电流通过，过长的低压电网，由于环境恶化、导线老化、受潮等因素，导线的漏电电流通过零线形成闭合回路，使零线也带一定的电位，这对安全运行十分不利。在零线断线的特殊情况下，单相设备和所有保护接零的设备会产生危险的电压，这是不允许的。

　　（3）三相五线制　图 1-20 所示为典型三相五线制应用的示意图。在上文所述的三相四线制供电系统中，再把零线的两个作用分开，即一根线做工作零线（N），另一根线做保护零线（PE 或地线），这样的供电接线方制称为三相五线制供电方式。

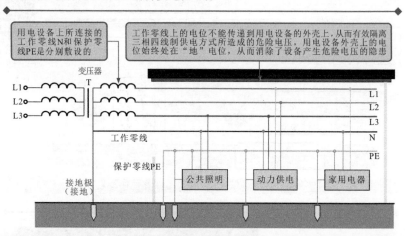

图 1-20　三相五线制的应用示意图

1.3 电路控制方式

1.3.1　点动控制

　　在电气控制电路中，点动控制是指通过点动按钮实现受控设备的起、停控制，即按下点动按钮，受控设备得电起动；松开起动按钮，受控设备失电停止。

　　图 1-21 所示为典型点动控制电路，该电路由点动按钮 SB1 实现电动机的点动控制。

　　合上电源总开关 QS 为电路工作做好准备。

　　按下点动按钮 SB1，交流接触器 KM 线圈得电，常开主触点 KM-1 闭合，电动机起动运转。

　　松开点动按钮 SB1，交流接触器 KM 线圈失电，常开主触点 KM-1 复位断开，电动机停止运转。

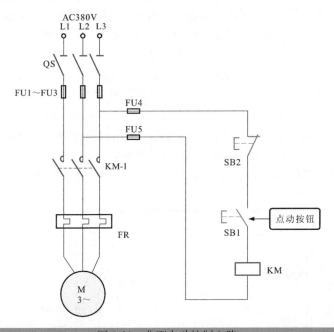

图 1-21　典型点动控制电路

1.3.2　自锁控制

在电动机控制电路中，按下起动按钮，电动机在交流接触器控制下得电工作；松开起动按钮，电动机仍可以保持连续运行的状态。这种控制方式称为自锁控制。

自锁控制方式常将起动按钮与交流接触器常开辅助触点并联。这样，在接触器线圈得电后，通过自身的常开辅助触点保持回路一直处于接通状态（即状态保持），即使松开起动控制按钮，交流接触器也不会失电断开，电动机仍可保持运行状态。

图 1-22 所示为典型自锁控制电路，该电路中由点动按钮 SB1 和交流接触器常开辅助触点 KM-1 实现自锁控制。

可以看到，自锁控制电路具有使电动机连续运转的功能。

自锁控制电路还具有欠电压和失电压（零电压）保护功能。

（1）欠电压保护功能　当电气控制电路中的电源电压由于某种原因下降时，电动机的转矩将明显降低，此时会影响电动机的正常运行，严重时还会导致电动机出现堵转情况，进而损坏电动机。在采用自锁控制的电路中，当电源电压低于接触器线圈额定电压的85%时，接触器的电磁系统所产生的电磁炉无法克服弹簧的反作用力，衔铁释放，主触点将断开复位，自动切断主电路，实现欠电压保护。

值得注意的是，电动机控制电路多为三相供电，交流接触器连接在其中一相中，只有其所连接相出现欠电压情况，才可实现保护功能。若电源欠电压出现在未接接触器的相线中，则无法实现欠电压保护。

（2）失电压（零电压）保护功能　采用自锁控制后，当外界原因突然断电又重新供电时，自锁触头因断电而断开，控制电路不会自行接通，从而可避免事故的发生，起到失电压（零电压）保护作用。

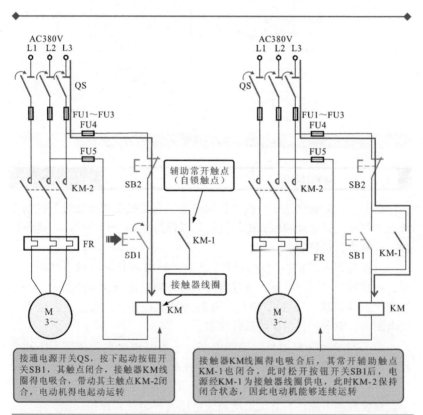

图 1-22　典型自锁控制电路

1.3.3　互锁控制

互锁控制是为保证电气安全运行而设置的控制电路，也称为联锁控制。在电气控制电路中，常见的互锁控制主要有按钮互锁和接触器（继电器）互锁两种形式。

 1. 按钮互锁控制

按钮互锁控制是指由按钮实现互锁控制，即当一个按钮按下接通一个电路的同时，必须断开外一个电路。

按钮互锁控制通常由复合按钮来实现，如图1-23所示。

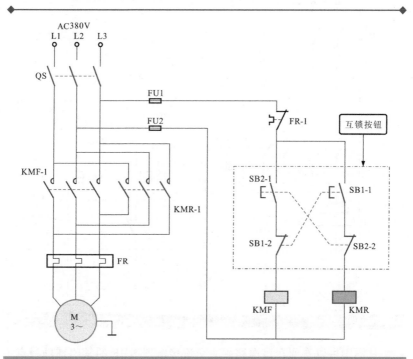

图1-23　由复合按钮实现的按钮互锁控制电路

从图中可以看到，当按下复合按钮SB2时，其常开触点SB2-1闭合，交流接触器KMF线圈得电；同时，其常闭触点SB2-2断开，确保KMR线圈再任何情况下不会得电，实现"锁定"功能。

当按下复合按钮SB1时，其常开触点SB1-1闭合，交流接触器KMR

线圈得电；同时，其常闭触点SB1-2断开，确保KMF线圈在任何情况下不会得电，也可实现"锁定"功能。

 2. 接触器（继电器）互锁控制

接触器（继电器）互锁控制是指两个接触器（继电器）通过自身的常闭辅助触点，相互制约对方的线圈不能同时得电动作。

接触器（继电器）互锁控制通常由其常闭辅助触点实现，如图1-24所示。

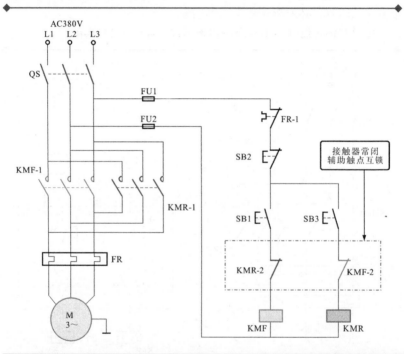

图1-24　接触器（继电器）互锁控制电路

从图中可以看到在该电路中，交流接触器KMF的常闭辅助触点串接在交流接触器的KMR电路中。当电路接通电源，按下起动按钮SB1时，交流接触器KMF线圈得电，其主触点KMF-1得电，电动机起动正向运转；同时，KMF的常闭辅助触点KMF-2断开，确保交流接触器KMR线圈不会得电，由此可有效避免因误操作而使两个接触器同时得电，出现电源两相短路事故。

同样，交流接触器 KMR 的常闭辅助触点串接在交流接触器的 KMF 电路中。当电路接通电源，按下起动按钮 SB2 时，交流接触器 KMR 线圈得电，其主触点 KMR-1 得电，电动机起动反向运转；同时，KMR 的常闭辅助触点 KMR-2 断开，确保交流接触器 KMF 线圈不会得电。由此，实现交流接触器的互锁控制。

互锁控制通常应用在电动机正、反转控制电路中。

1.3.4　顺序控制

在电气控制电路中，顺序控制是指受控设备在电路的作用下按一定的先后顺序一个接一个地顺序起动，一个接一个地顺序停止或全部停止。

例如，图 1-25 所示为电动机的顺序起动和反顺序停机控制电路。

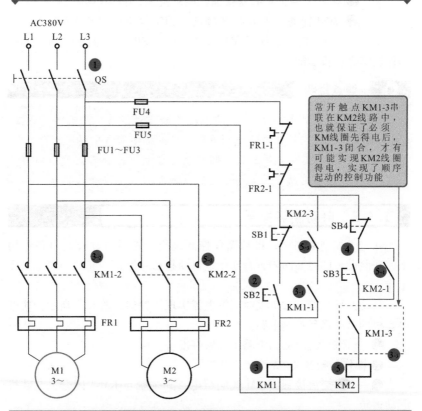

图 1-25　电动机的顺序起动和反顺序停机控制电路

❶ 合上电源总开关 QS 为电路工作做好准备。

❷ 按下起动按钮 SB2。

❸ 交流接触器 KM1 线圈得电。

   ❸₁ 常开辅助触点 KM1-1 接通，实现自锁功能。

   ❸₂ 常开主触点 KM1-2 接通，电动机 M1 开始运转。

   ❸₃ 常开辅助触点 KM1-3 接通，为电动机 M2 起动做好准备，也用于防止接触器 KM2 线圈先得电而使电动机 M2 先运转，起到顺序起动的作用。

❹ 当需要电动机 M2 起动时，按下起动按钮 SB3。

❺ 交流接触器 KM2 线圈得电。

   ❺₁ 常开辅助触点 KM2-1 接通，实现自锁功能。

   ❺₂ 常开主触点 KM2-2 接通，电动机 M2 开始运转。

   ❺₃ 常开辅助触点 KM2-3 接通，锁定停机按钮 SB1，防止当起动电动机 M2 时，按动电动机 M1 的停止按钮 SB1，而关断电动机 M1，确保反顺序停机功能。

🌀 要点说明

> 　　顺序控制电路的特点：若电路需要实现接触器 A 工作后才允许接触器 B 工作，则在接触器 B 线圈电路中串入接触器 A 的常开触点。
>
> 　　若电路需要实现接触器 B 线圈断电后方允许接触器 A 线圈断电，则应将接触器 B 的动合触点并联在接触器 A 的停止按钮两端。

1.3.5　自动循环控制

在电气控制电路中，自动循环控制是指受控设备在控制电路作用下，按照设定的时间间隔，有规律地自动起动→停止→起动→停止循环工作。

自动循环控制一般借助时间继电器实现。例如，图1-26 所示为典型电动机的自动循环控制电路。

❶ 合上断路器 QF 为电路工作做好准备。

❷ 操作转换开关 SA 至闭合状态。

❷ → ❸ 交流接触器 KM 线圈得电，其主触点 KM-1 闭合，电动机起动运转。

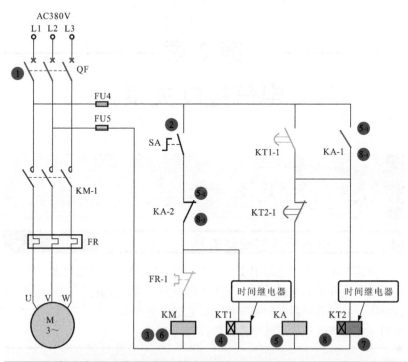

图 1-26　典型电动机的自动循环控制电路

②→④ 时间继电器 KT1 线圈得电，其延时闭合的常开触点 KT1-1 延时一定时间后闭合。

④→⑤ KA 线圈得电。

⑤ 常开触点 KA-1 闭合自锁；

⑤ 常闭触点 KA-2 断开。

⑤→⑥ KM 线圈失电，其主触点复位断开，电动机停转。

④→⑦ KT2 线圈得电，其延时断开的常闭触点 KT2-1 延时一段时间后断开。

⑦→⑧ KA 线圈失电。

⑧ 常开触点 KA-1 复位断开；

⑧ 常闭触点 KA-2 复位闭合。

⑧→交流接触器 KM 线圈得电，开始下一轮起动和自动停止的循环控制。

第2章

电气控制关系

2.1 开关的控制关系

2.1.1 电源开关的控制关系

电源开关在电工电路中主要用于接通用电设备的供电电源，图2-1所示为电源开关的连接关系。从图中可看出，该电源开关采用的是三相断路器，通过断路器来控制三相交流电动机电源的接通与断开，从而实现对三相交流电动机运转与停机的控制。

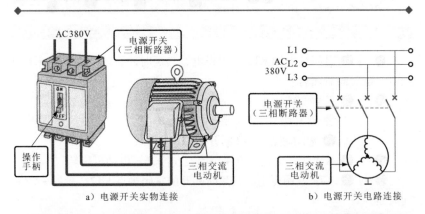

a）电源开关实物连接　　　　　　　　b）电源开关电路连接

图2-1　电源开关的连接关系

图2-2所示为电源开关的控制关系。电源开关未动作时，其内部三组常开触点处于断开状态，切断三相交流电动机的三相供电电源，三相交流电动机不能起动运转；拨动电源开关的操作手柄，使其内部三组常

开触点处于闭合状态，三相电源经电源开关内部的三组常开触点为三相交流电动机供电，三相交流电动机起动运转。

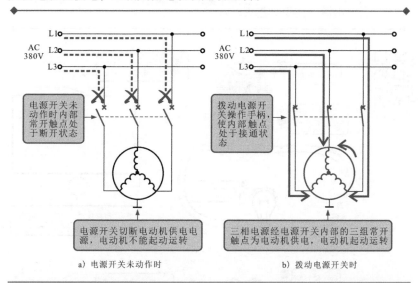

a）电源开关未动作时　　　　　　　　　　b）拨动电源开关时

图 2-2　电源开关的控制关系

2.1.2　按钮的控制关系

按钮在电工电路中主要用于发出远距离控制信号或指令去控制继电器、接触器或其他负载设备，实现对控制电路的接通与断开，从而达到对负载设备的控制。

按钮是电路中的关键控制部件，不论是不闭锁按钮还是闭锁按钮，根据电路需要，都可分为常开、常闭和复合三种形式。

下面以不闭锁按钮为例，分别介绍这三种形式按钮的控制功能。

 1. 不闭锁的常开按钮

不闭锁的常开按钮是指操作前内部触点处于断开状态，手指按下时内部触点处于闭合状态，而手指放松后，按钮自动复位断开，该按钮在电工电路中常用作起动控制按钮。

图 2-3 所示为不闭锁的常开按钮的连接控制关系。从图中可以看出，该不闭锁的常开按钮连接在电源与白炽灯（负载）之间，用于控制白炽灯的点亮与熄灭。在未对其进行操作时，白炽灯处于熄灭状态；按

下按钮时，其内部常开触点闭合，电源经按钮内部闭合的常开触点为白炽灯供电，白炽灯点亮；松开按钮时，其内部常开触点复位断开，切断白炽灯供电电源，白炽灯熄灭。

扫一扫看视频

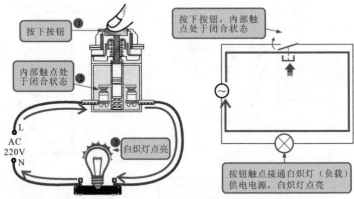

a) 按下按钮时

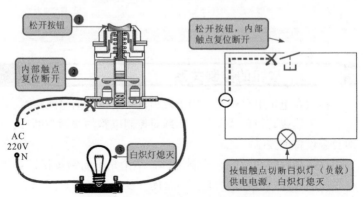

b) 松开按钮时

图 2-3　不闭锁的常开按钮的连接控制关系

 2. 不闭锁的常闭按钮

不闭锁的常闭按钮是指操作前内部触点处于闭合状态，手指按下时内部触点处于断开状态，而手指放松后，按钮自动复位闭合，该按钮在电工电路中常用作停止控制按钮。

图 2-4 所示为不闭锁的常闭按钮的连接控制关系。从图中可以看出，

该不闭锁的常闭按钮连接在电源与白炽灯（负载）之间，用于控制白炽灯的点亮与熄灭。在未对其进行操作时，白炽灯处于点亮状态；按下按钮时，其内部常闭触点断开，切断白炽灯供电电源，白炽灯熄灭；松开按钮时，其内部常闭触点复位闭合，接通白炽灯供电电源，白炽灯点亮。

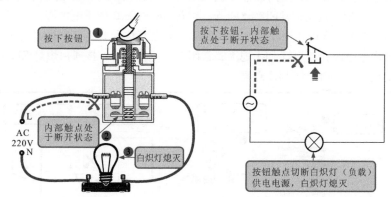

a）按下按钮时

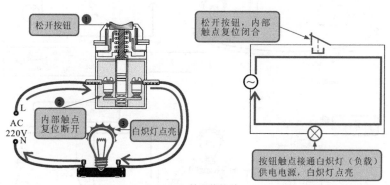

b）松开按钮时

图 2-4　不闭锁的常闭按钮的连接控制关系

 3. 不闭锁的复合按钮

不闭锁的复合按钮是指按钮内部设有两组触点，分别为常开触点和常闭触点。操作前常闭触点闭合，常开触点断开。当手指按下按钮时，常闭触点断开，而常开触点闭合；手指放松后，常闭触点复位闭合，常开触点复位断开。该按钮在电工电路中常用作起动联锁控制按钮。

图 2-5 所示为不闭锁的复合按钮的连接控制关系。从图中可以看出，该不闭锁的复合按钮连接在电源与白炽灯（负载）之间，分别控制白炽灯 EL1 和白炽灯 EL2 的点亮与熄灭，在未对其进行操作时，白炽灯 EL2 处于点亮状态，白炽灯 EL1 处于熄灭状态。

按下按钮时，其内部常开触点闭合，接通白炽灯 EL1 的供电电源，白炽灯 EL1 点亮；常闭触点断开，切断白炽灯 EL2 的供电电源，白炽灯 EL2 熄灭；当松开按钮时，其内部常开触点复位断开，切断白炽灯 EL1 的供电电源，白炽灯 EL1 熄灭；常闭触点复位闭合，接通白炽灯 EL2 的供电电源，白炽灯 EL2 点亮。

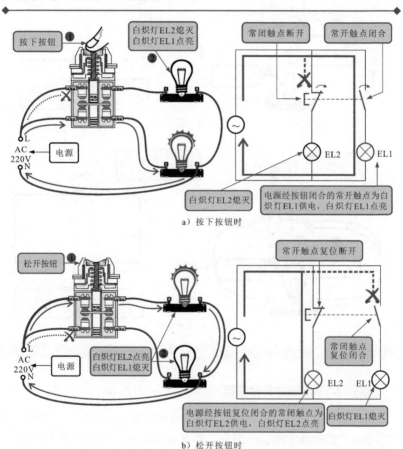

a）按下按钮时

b）松开按钮时

图 2-5　不闭锁的复合按钮的连接控制关系

2.2　继电器的控制关系

2.2.1　继电器常开触点的控制关系

继电器是使用非常普遍的电子器件，在许多机械控制上及电子电路中都采用这种器件。本节从继电器的常开触点、常闭触点和转换触点这三个方面来讲解继电器的控制关系。

继电器通常都是由铁心、线圈、衔铁、触点等组成的，图 2-6 所示为典型继电器的内部结构。

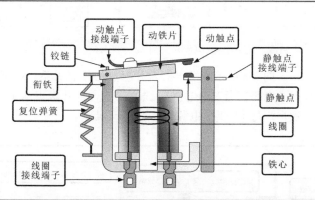

图 2-6　典型继电器的内部结构

继电器工作时，通过在线圈两端加上一定的电压，使得线圈中产生电流，从而产生电磁效应，衔铁就会在电磁力吸引的作用下克服返回复位弹簧的拉力吸向铁心，控制触点的闭合。当线圈失电后，电磁吸力消失，衔铁会在复位弹簧的反作用力下返回原来的位置，使触点断开，通过该方法便可以控制电路的导通与切断。

继电器的常开触点是指继电器内部的动触点和静触点处于断开状态，当线圈得电时，其动触点和静触点立即闭合接通电路；当线圈失电时，其动触点和静触点立即复位断开，切断电路。

图 2-7 所示为继电器常开触点的连接关系。从图中可以看出，该继电器 K 线圈连接在不闭锁的常开按钮与电池之间，常开触点 K-1 连接在

电源与白炽灯 EL（负载）之间，用于控制白炽灯的点亮与熄灭，在未接通电路时，白炽灯 EL 处于熄灭状态。

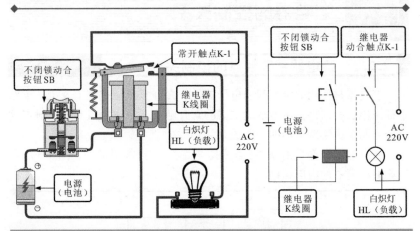

图 2-7　继电器常开触点的连接关系

扫一扫看视频

图 2-8 所示为继电器常开触点的控制关系。按下按钮 SB 时，电路接通，继电器 K 线圈得电，常开触点 K-1 闭合，接通白炽灯 EL 供电电源，白炽灯 EL 点亮。

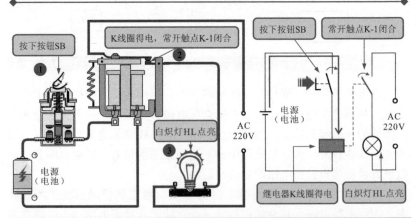

图 2-8　继电器常开触点的控制关系

松开按钮 SB 时，电路断开，继电器 K 线圈失电，常开触点 K-1 复位断开，切断白炽灯 EL 供电电源，白炽灯 EL 熄灭。

2.2.2　继电器常闭触点的控制关系

继电器的常闭触点是指继电器内部的动触点和静触点处于闭合状态，当线圈得电时，其动触点和静触点立即断开切断电路；当线圈失电时，其动触点和静触点立即复位闭合，接通电路。

图 2-9 所示为继电器常闭触点的连接关系。从图中可以看出，该继电器 K 线圈连接在不闭锁的常开按钮与电池之间，常闭触点 K-1 连接在电源与白炽灯 EL（负载）之间，用于控制白炽灯的点亮与熄灭，在未接通电路时，白炽灯 EL 处于点亮状态。按下按钮 SB 时，电路接通，继电器 K 线圈得电，常闭触点 K-1 断开，切断白炽灯 EL 供电电源，白炽灯 EL 熄灭。

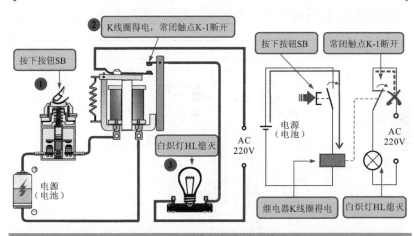

图 2-9　继电器常闭触点的连接关系

图 2-10 所示为继电器常闭触点的控制关系。松开按钮 SB 时，电路断开，继电器 K 线圈失电，常闭触点 K-1 复位闭合，接通白炽灯 EL 供电电源，白炽灯 EL 点亮。

2.2.3　继电器转换触点的控制关系

继电器的转换触点是指继电器内部设有一个动触点和两个静触点，其中动触点与静触点 1 处于闭合状态，称为常闭触点；动触点与静触点 2 处于断开状态，称为常开触点，如图 2-11 所示。

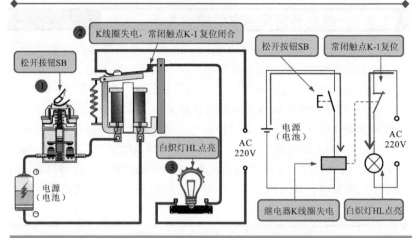

图 2-10　继电器常闭触点的控制关系

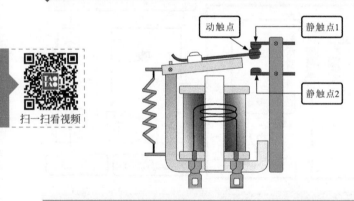

图 2-11　继电器的转换触点

当线圈得电时，其动触点与静触点 1 立即断开并与静触点 2 闭合，切断静触点 1 的控制电路，接通静触点 2 的控制电路；当线圈失电时，动触点复位，即动触点与静触点 2 复位断开并与静触点 1 复位闭合，切断静触点 2 的控制电路，接通静触点 1 的控制电路。

图 2-12 所示为继电器转换触点的连接关系。从图中可以看出，该继电器 K 线圈连接在不闭锁的常开按钮与电池之间；常闭触点 K-1 连接在电池与白炽灯 EL1（负载）之间，用于控制白炽灯 EL1 的点亮与熄灭；常开触点 K-2 连接在电池与白炽灯 EL2（负载）之间，用于控制白炽灯

EL2 的点亮与熄灭。在未接通电路时，白炽灯 EL1 处于点亮状态，白炽灯 EL2 处于熄灭状态。

按下按钮 SB 时，电路接通，继电器 K 线圈得电，常闭触点 K-1 断开，切断白炽灯 EL1 的供电电源，白炽灯 EL1 熄灭；同时常开触点 K-2 闭合，接通白炽灯 EL2 的供电电源，白炽灯 EL2 点亮。

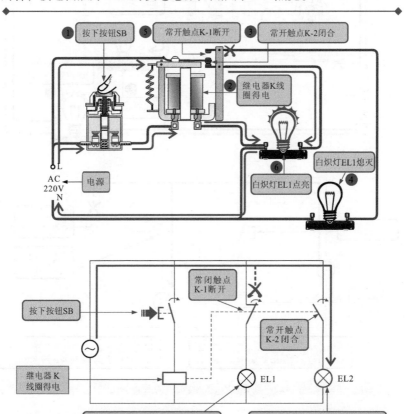

图 2-12 继电器转换触点的连接关系

图 2-13 所示为继电器转换触点的控制关系。松开按钮 SB 时，电路断开，继电器 K 线圈失电，常闭触点 K-1 复位闭合，接通白炽灯 EL1 的供电电源，白炽灯 EL1 点亮；同时常开触点 K-2 复位断开，切断白炽灯 EL2 的供电电源，白炽灯 EL2 熄灭。

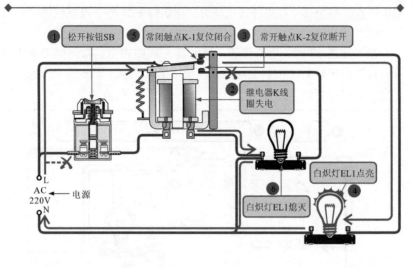

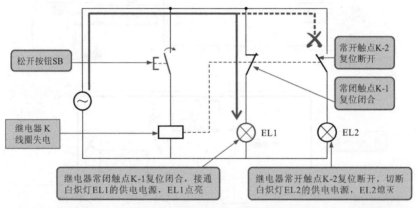

图 2-13　继电器转换触点的控制关系

2.3　接触器的控制关系

2.3.1　交流接触器的控制关系

交流接触器主要用于远距离接通与分断交流供电电路，如图 2-14 所示。交流接触器的内部主要由主触点、辅助触点、线圈、静铁心、动铁心及接线端等构成，在交流接触器的铁心上装有一个短路环，主要用于减小交流接触器吸合时所产生的振动和噪声。

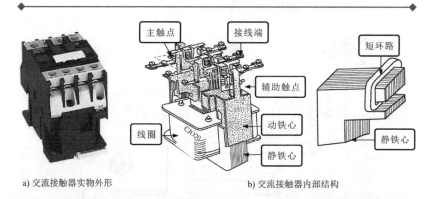

a) 交流接触器实物外形　　　　　　　b) 交流接触器内部结构

图 2-14　典型交流接触器的实物外形及内部结构

交流接触器是通过线圈得电来控制常开触点闭合、常闭触点断开的；而当线圈失电时，控制常开触点复位断开，常闭触点复位闭合。

图 2-15 所示为交流接触器的连接关系。从图中可以看出，该交流接触器 KM 线圈连接在不闭锁的常开按钮 SB（起动按钮）与电源总开关 QF（总断路器）之间；常开主触点 KM-1 连接在电源总开关 QF 与三相交流电动机之间，用于控制电动机的起动与停机；常闭辅助触点 KM-2 连接在电源总开关 QF 与停机指示灯 HL1 之间，用于控制指示灯 HL1 的点亮与熄灭；常开辅助触点 KM-3 连接在电源总开关 QF 与运行指示灯 HL2 之间，用于控制指示灯 HL2 的点亮与熄灭。合上电源总开关 QF，电源经交流接触器 KM 的常闭辅助触点 KM-2 为停机指示灯 HL1 供电，HL1 点亮。

图 2-16 所示为电路接通时交流接触器的控制关系。当按下起动按钮 SB 时，电路接通，交流接触器 KM 线圈得电，常开主触点 KM-1 闭合，三相交流电动机接通三相电源起动运转；常开辅助触点 KM-2 断开，切断停机指示灯 HL1 的供电电源，HL1 熄灭；常开主触点 KM-3 闭合，运行指示灯 HL2 点亮，指示三相交流电动机处于工作状态。松开起动按钮 SB 时，电路断开，交流接触器 KM 线圈失电，常开主触点 KM-1 复位断开，切断三相交流电动机的供电电源，电动机停止运转；常开辅助触点 KM-2 复位闭合，停机指示灯 HL1 点亮，指示三相交流电动机处于停机状态；常开主触点 KM-3 复位断开，切断运行指示灯 HL2 的供电电源，HL2 熄灭。

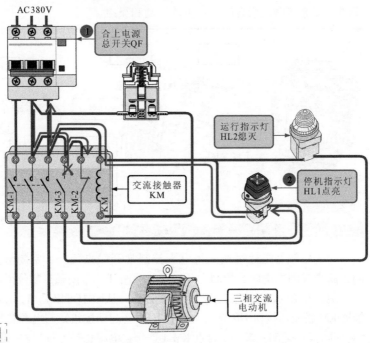

图 2-15　交流接触器的连接关系

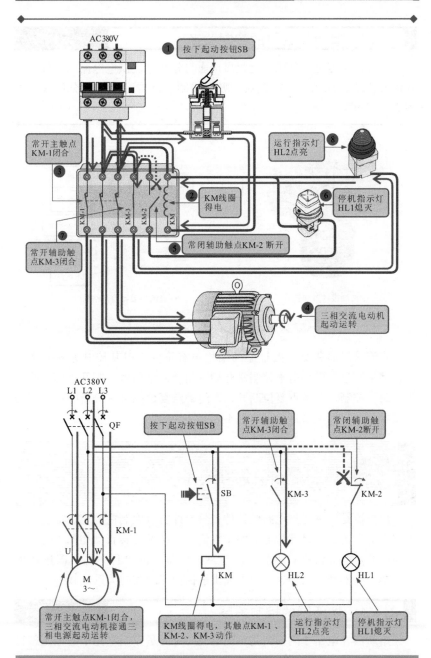

图2-16　电路接通时交流接触器的控制关系

2.3.2 直流接触器的控制关系

直流接触器是一种用于远距离接通与分断直流供电电路的器件，主要由灭弧罩、静触点、动触点、吸引线圈、复位弹簧等部分组成，如图 2-17 所示。

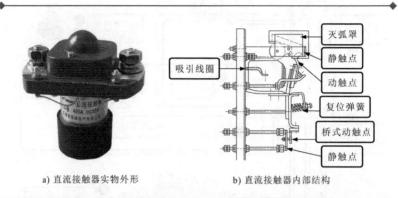

a) 直流接触器实物外形   b) 直流接触器内部结构

图 2-17　典型直流接触器的实物外形及内部结构

直流接触器和交流接触器的结构虽有不同，但其控制方式基本相同，都是通过线圈得电来控制常开触点闭合，常闭触点断开；而当线圈失电时，控制常开触点复位断开，常闭触点复位闭合。分析时可参照交流接触器的控制关系进行，在此不再赘述。

2.4 保护器的控制关系

保护器是一种保护电路的器件，只允许安全限制内的电流通过，当电路中的电流量超过保护器的额定电流时，保护器会自动切断电路，对电路中的负载设备进行保护。本节从熔断器、漏电保护器、温度继电器、热继电器和避雷器这五个方面讲解保护器的控制关系。

2.4.1 熔断器的控制关系

熔断器在电路中的作用是检测电流通过的量，当电路中的电流超过熔断器规定值一段时间后，熔断器自身产生的热量将其内部的熔体熔化，从而使电路断开，起到保护电路的作用。

图 2-18 所示为熔断器的连接关系。从图中可看出，熔断器串联在被保护电路中，当电路出现过载或短路故障时，熔断器熔断切断电路进行保护。

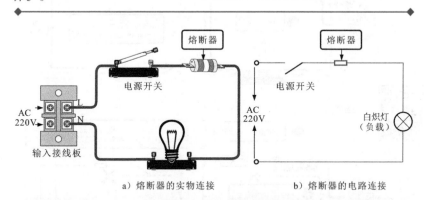

a）熔断器的实物连接　　　　　　　b）熔断器的电路连接

图 2-18　熔断器的连接关系

图 2-19 所示为熔断器的控制关系。闭合电源开关，接通白炽灯电源，白炽灯点亮，电路正常工作；当白炽灯之间由于某种原因而被导体连在一起时，电源被短路，此时电路中仅有很小的电源内阻，使得电路中的电流很大，流过熔断器的电流也很大，这时熔断器会自身熔断，切断电路，进行保护。

2.4.2　漏电保护器的控制关系

漏电保护器（标准术语称为剩余电流断路器）是一种具有漏电、触电、过载、短路保护功能的保护器件，对于防止触电伤亡事故以及避免因漏电电流而引起的火灾事故具有明显的效果。

图 2-20 所示为漏电保护器的连接关系。从图中可看出，相线 L 和零线 N 经过漏电保护器支路，当电路出现漏电、触电、过载、短路故障时，通过漏电保护器切断电路进行电路及人身安全的保护。

漏电检测原理如图 2-21 所示。当被保护电路发生漏电或有人触电时，由于漏电电流的存在，使得供电电流大于返回电流。

图 2-22 所示为漏电保护器的控制关系。单相交流电经过电能表及漏电保护器后为用电设备进行供电，正常时相线端 L 的电流与零线端 N 的电流相等，回路中剩余电流量几乎为零；当发生漏电或触电情况时，

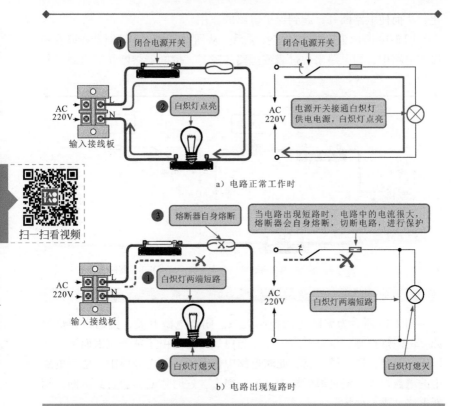

扫一扫看视频

a）电路正常工作时

b）电路出现短路时

图 2-19　熔断器的控制关系

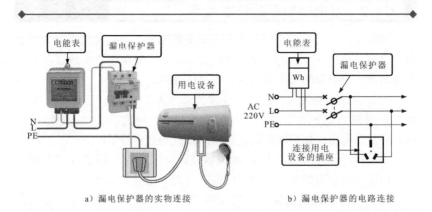

a）漏电保护器的实物连接　　　　b）漏电保护器的电路连接

图 2-20　漏电保护器的连接关系

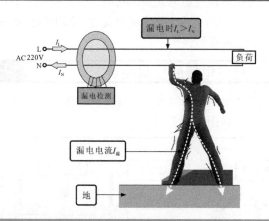

图 2-21　漏电检测原理

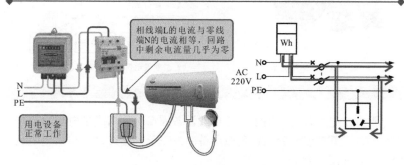

a）电路正常工作时

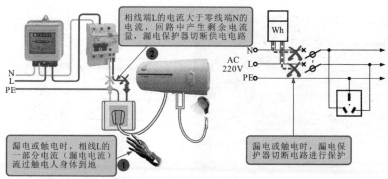

b）发生漏电或触电时

图 2-22　漏电保护器的控制关系

相线 L 的一部分电流流过触电人身体到地，而出现相线端 L 的电流大于零线端 N 的电流，回路中产生剩余的电流量，漏电保护器感应出剩余的电流量，并切断电路进行保护。

2.4.3　温度继电器的控制关系

温度继电器主要由电阻加热丝，碟形双金属片，一对动、静触点和两个接端子组成，如图 2-23 所示。

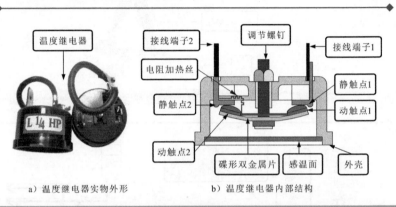

a）温度继电器实物外形　　　　b）温度继电器内部结构

图 2-23　温度继电器的外形及内部结构

温度继电器是一种用于防止负载设备因温度过高或过电流而烧坏的保护器件，其感温面紧贴在负载设备的外壳上，接线端子与供电电路串联一起，如图 2-24 所示。

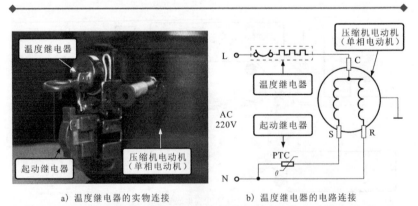

a）温度继电器的实物连接　　　　b）温度继电器的电路连接

图 2-24　温度继电器的连接关系

当负载设备温度过高或流过的电流过大时，温度继电器断开，切断电路，保护设备及电路。

图 2-25 所示为正常温度下温度继电器的控制关系。正常温度下，交流 220V 电源经温度继电器内部闭合的触点，接通压缩机电动机的供电，起动继电器起动压缩机电动机工作，待压缩机电动机转速升高到一定值时，起动继电器断开起动绕组，起动结束，压缩机电动机进入正常的运转状态。

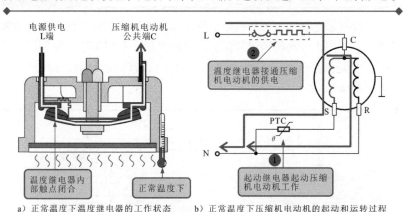

a）正常温度下温度继电器的工作状态   b）正常温度下压缩机电动机的起动和运转过程

图 2-25 正常温度下温度继电器的控制关系

图 2-26 所示为温度过高时温度继电器的控制关系。当压缩机电动机温度过高时，温度继电器的碟形双金属片受热反向弯曲变形，断开压缩机电动机的供电电源，起到保护作用。

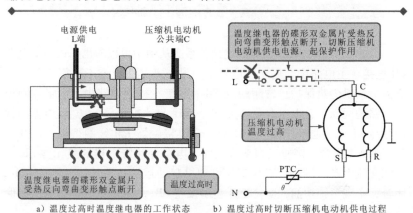

a）温度过高时温度继电器的工作状态   b）温度过高时切断压缩机电动机供电过程

图 2-26 温度过高时温度继电器的控制关系

相关资料

待压缩机电动机和温度继电器的温度逐渐冷却时，双金属片又恢复到原来的形态，触点再次接通，压缩机电动机再次起动运转。

2.4.4 热继电器的控制关系

热继电器是利用电流的热效应推动动作机构使其内部触点闭合或断开的，主要用于电动机的过载保护、断相保护、电流不平衡保护以及热保护，主要由复位按钮、常闭触点、动作机构以及热元件等构成，如图 2-27 所示。

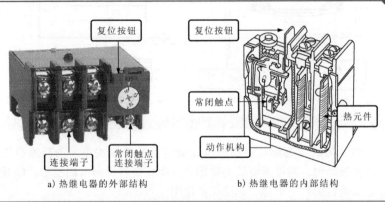

a）热继电器的外部结构   b）热继电器的内部结构

图 2-27 热继电器的外部及内部结构

图 2-28 所示为热继电器的连接关系。从图中可以看出，该热继电器 FR 连接在主电路中，用于主电路的过载、断相、电流不平衡以及三相交流电动机的热保护；常闭触点 FR-1 连接在控制电路中，用于控制控制电路的通断。合上电源总开关 QF，按下起动按钮 SB1，热继电器的常闭触点 FR-1 接通控制电路的供电，交流接触器 KM 线圈得电，常开主触点 KM-1 闭合，接通三相交流电源，电源经热继电器的热元件 FR 为三相交流电动机供电，三相交流电动机起动运转；常开辅助触点 KM-2 闭合，实现自锁功能，即使松开起动按钮 SB1，三相交流电动机仍能保持运转状态。

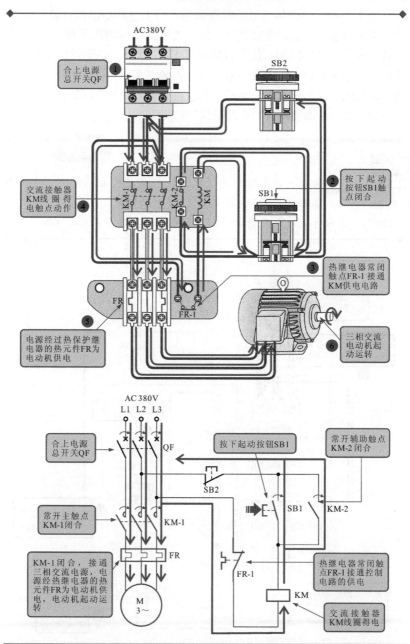

AC380V

合上电源
总开关QF ❶

SB2

交流接触器
KM线圈得
电触点动作 ❹

KM-1 KM-2 KM

❷ 按下起动
按钮SB1触
点闭合

SB1

热继电器常闭
触点FR-1接通
KM供电电路 ❸

FR

FR-1

❺ 电源经过热保护继
电器的热元件FR为
电动机供电

❻ 三相交流
电动机起
动运转

AC 380V
L1 L2 L3

合上电源
总开关QF

QF

按下起动按钮SB1

常开辅助触点
KM-2闭合

SB2

SB1   KM-2

常开主触点
KM-1闭合

KM-1

FR

KM-1闭合，接通
三相交流电源，电
源经热继电器的热
元件FR为电动机供
电，电动机起动运
转

FR-1

热继电器常闭触
点FR-1接通控制
电路的供电

KM

M
3～

交流接触器
KM线圈得电

图2-28　热继电器的连接关系

43

　　图 2-29 所示为热继电器的控制关系。当主电路中出现过载、断相、电流不平衡或三相交流电动机过热时，由热继电器的热元件 FR 产生的热效应来推动动作机构，使其常闭触点 FR-1 断开，切断控制电路供电电源，交流接触器 KM 线圈失电，常开主触点 KM-1 复位断开，切断电动机供电电源，电动机停止运转，常开辅助触点 KM-2 也复位断开，解除自锁功能，从而实现了对电路的保护作用。

相关资料

扫一扫看视频

　　待主电路中的电流正常或三相交流电动机温度逐渐冷却时，热继电器 FR 的常闭触点 FR-1 复位闭合，再次接通电路，此时只需重新接通电路，三相交流电动机便可起动运转。

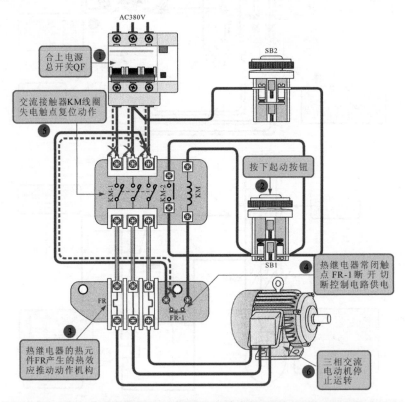

图 2-29　电路异常时热继电器的控制关系

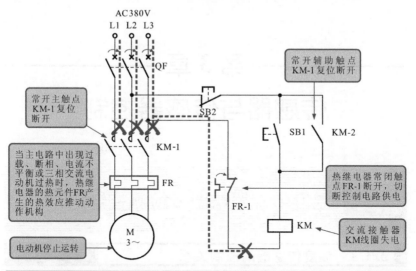

常开辅助触点
KM-1复位断开

AC380V
L1 L2 L3

QF

常开主触点
KM-1复位
断开

SB2

当主电路中出现过
载、断相、电流不
平衡或三相交流电
动机过热时,热继
电器的热元件FR产
生的热效应推动动
作机构

KM-1

FR

SB1　KM-2

热继电器常闭触
点FR-1断开,切
断控制电路供电

FR-1

电动机停止运转

M
3～

KM

交流接触器
KM线圈失电

图 2-29　电路异常时热继电器的控制关系（续）

第3章
传感器与传感器控制

3.1 温度传感器与温度检测控制电路

3.1.1 温度传感器的控制关系

温度传感器是一种将温度信号转换为电信号的器件，而检测温度的关键为热敏元件，因此温度传感器也称为热-电传感器，主要用于各种需要对温度进行测量、监视控制及补偿等的场合。

图 3-1 所示为温度传感器的连接关系。从图中可以看出，该温度传感器采用的是热敏电阻器作为感温元件，热敏电阻器是利用其电阻值随温度变化而变化这一特性来测量温度的。

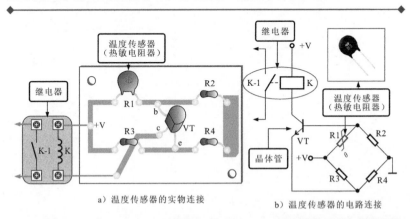

a）温度传感器的实物连接   b）温度传感器的电路连接

图 3-1 温度传感器的连接关系

温度传感器根据其感应特性的不同，可分为 PTC 传感器和 NTC 传感器两类，其中 PTC 传感器为正温度系数传感器，即传感器阻值随温度的升高而增大，随温度的降低而减小；NTC 传感器为负温度系数传感器，即传感器阻值随温度的升高而减小，随温度的降低而增大。

图 3-2 所示为正常环境温度下温度传感器的控制关系。在正常环境温度下时，电桥的电阻值 R1/R2＝R3/R4，电桥平衡，此时 A、B 两点间电位相等，输出端 A 与 B 间没有电流流过，晶体管 VT 的基极（b）与发射极（e）间的电位差为零，晶体管 VT 截止，继电器 K 线圈不能得电。

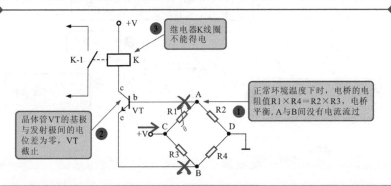

图 3-2　正常环境温度下温度传感器的控制关系

图 3-3 所示为环境温度升高时温度传感器的控制关系。当环境温度逐渐上升时，温度传感器 R1 的阻值不断减小，电桥失去平衡，此时 A 点电位逐渐升高，晶体管 VT 的基极电压逐渐增大，此时基极电压高于发射极电压，晶体管 VT 导通，继电器 K 线圈得电，常开触点 K-1 闭合，接通负载设备的供电电源，负载设备即可起动工作。

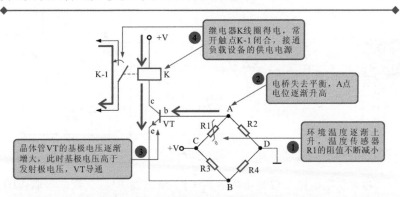

图 3-3　环境温度升高时温度传感器的控制关系

　　图 3-4 所示为环境温度降低时温度传感器的控制关系。当环境温度下降时，温度传感器 R1 的阻值不断增大，此时 A 点电位逐渐降低，晶体管 VT 的基极电压逐渐减小，当基极电压低于发射极电压时，晶体管 VT 截止，继电器 K 线圈失电，常开触点 K-1 复位断开，切断负载设备的供电电源，负载设备停止工作。

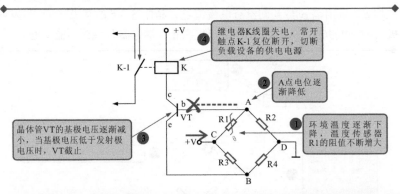

图 3-4　环境温度降低时温度传感器的控制关系

3.1.2　温度检测控制电路

1. 热敏电阻器构成的自动检测加热电路

　　图 3-5 所示为一种简易的小功率自动加热电路。该电路主要是由电源供电电路和温度检测控制电路构成的。

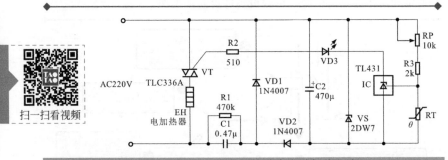

图 3-5　简易的小功率自动加热电路

　　电源供电电路主要是由电容器 C1、电阻器 R1、整流二极管 VD1、VD2、滤波电容器 C2 和稳压二极管 VS 等构成的；温度检测控制电路主要是由热敏电阻器 RT、电位器 RP、稳压集成电路 IC、电加热器及外围相关元器件构成的。

电源供电电路输出直流电压分为两路：一路作为 IC 的输入直流电压；另一路经 RT、R3 和 RP 分压后，为 IC 提供控制电压。

RT 为负温度系数热敏电阻器，其阻值随温度的升高而降低。当环境温度较低时，RT 的阻值较大，IC 的控制端分压较高，使 IC 导通，发光二极管 VD3 点亮，VT 受触发而导通，电加热器通电开始升温。当温度上升到一定温度后，RT 的阻值随温度的升高而降低，使集成电路控制端电压降低，VD3 熄灭、VT 关断，EH 断电停止加热。

 2. 温度传感器 LM35D 构成的温度检测电路

图 3-6 所示为温度检测控制电路。温度传感器 LM35D 将温度检测值转换成直流电压送到电压比较器 A2 的⑤脚，A2 的⑥脚为基准设定的电压，基准电压是由 A1 放大器和 W1、W2 微调后设定的值，当温度的变换使 A2⑤脚的电压超过⑥脚时，A2 输出高电平使 VT 导通，继电器 J 动作。开始起动被控设备，如加热器等设备。

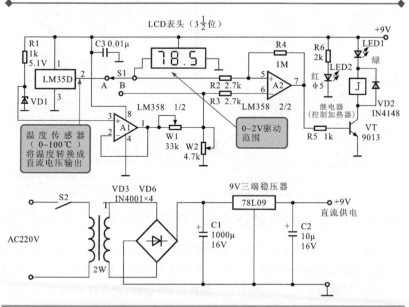

图 3-6　温度检测控制电路

3.2　湿度传感器与湿度检测控制电路

3.2.1　湿度传感器的控制关系

　　湿度传感器是一种将湿度信号转换为电信号的器件，主要用于工业生产、天气预报、食品加工等行业中对各种湿度进行控制、测量和监视。

　　图 3-7 所示为湿度传感器的连接关系。从图中可以看出，该湿度传感器采用的是湿敏电阻器作为湿度测控器件，湿敏电阻器是利用电阻值随湿度变化而变化这一特性来测量湿度变化的。

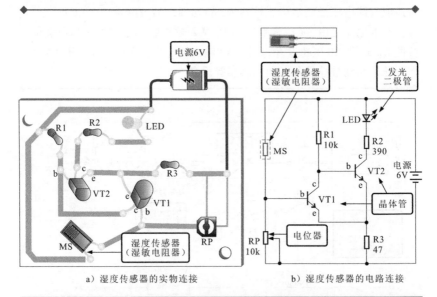

a）湿度传感器的实物连接　　　　　b）湿度传感器的电路连接

图 3-7　湿度传感器的连接关系

　　图 3-8 所示为环境湿度较小时湿度传感器的控制关系。当环境湿度较小时，湿度传感器 MS 的阻值较大，晶体管 VT1 的基极为低电平，使基极电压低于发射极电压，晶体管 VT1 截止；此时晶体管 VT2 基极电压升高，基极电压高于发射极电压，晶体管 VT2 导通，发光二极管点亮。

　　图 3-9 所示为环境湿度增加时湿度传感器的控制关系。当环境湿度

增加时，湿度传感器 MS 的阻值逐渐变小，晶体管 VT1 的基极电压逐渐升高，使基极电压高于发射极电压，晶体管 VT1 导通；使晶体管 VT2 基极电压降低，晶体管 VT2 截止，发光二极管熄灭。

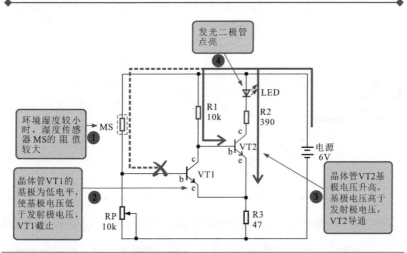

图 3-8　环境湿度较小时湿度传感器的控制关系

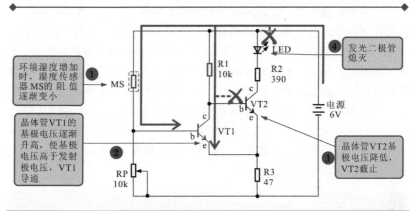

图 3-9　环境湿度增加时湿度传感器的控制关系

3.2.2　湿度检测控制电路

图 3-10 所示为典型的喷灌控制电路。该电路主要是由湿度传感器、检测信号放大电路（晶体管 VT1、VT2、VT3 等）、电源电路（滤波电

容 C2、桥式整理电路 UR、变压器 T）和直流电动机 M 等构成的。

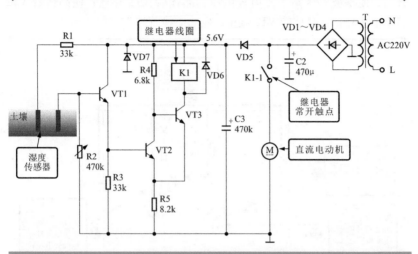

图 3-10　典型的喷灌控制器电路

在电路中，湿度传感器用于检测土壤中的湿度情况，直流电动机用于带动喷灌设备动作。

当喷灌设备工作一段时间后，土壤湿度达到适合农作物生长的条件，湿度传感器体现在电路中电阻值变小，此时 VT1 导通，并为 VT2 基极提供工作电压，VT2 也导通。VT2 导通后直接将 VT3 基极和发射极短路，因此 VT3 截止，从而使继电器线圈 K1 失电断开，并带动其常开触点 K1-1 恢复常开状态，直流电动机断电停止工作，喷灌设备停止喷水。

当土壤湿度变干燥时，湿度传感器之间的电阻值增大，导致 VT1 基极电位较低，此时 VT1 截止，VT2 截止，VT3 的基极由 R4 提供电流而导通，继电器线圈 K1 得电吸合，并带动常开触点 K1-1 闭合，直流电动机接通电源，开始工作。

3.3　光电传感器与光电检测控制电路

3.3.1　光电传感器的控制关系

光电传感器是一种能够将可见光信号转换为电信号的器件，也可称为光电器件，主要用于光控开关、光控照明、光控报警等领域中，对各种可见光进行控制。

图 3-11 所示为光电传感器的连接关系。从图中可以看出，该光电传感器采用的是光敏电阻器作为光电测控器件，光敏电阻器是一种对光敏感的元件，其电阻值随入射光线的强弱发生变化而变化。

扫一扫看视频

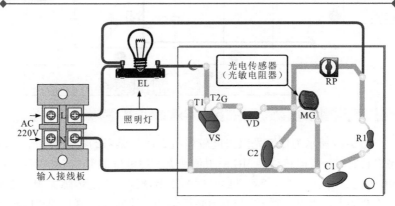

a）光电传感器的实物连接

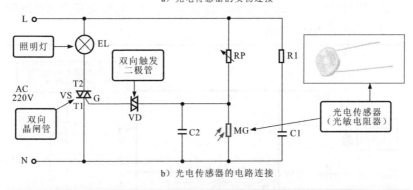

b）光电传感器的电路连接

图 3-11　光电传感器的连接关系

图 3-12 所示为环境光照强度较强时光电传感器的控制关系。当环境光照强度较强时，光电传感器 MG 的阻值较小，使电位器 RP 与光电传感器 MG 处的分压值变低，不能达到双向触发二极管 VD 的触发电压值，双向触发二极管 VD 截止，进而使双向晶闸管 VS 也截止，照明灯 EL 熄灭。

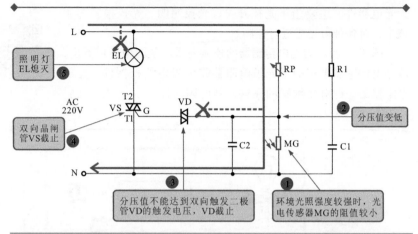

图 3-12 环境光照强度较强时光电传感器的控制关系

图 3-13 所示为环境光照强度较弱时光敏传感器的控制关系。当环境光较弱时，光电传感器 MG 的阻值变大，使电位器 RP 与光电传感器 MG 处的分压值变高，随着光照强度的逐渐增强，光电传感器 MG 的阻值逐渐变大，当电位器 RP 与光电传感器 MG 处的分压值达到双向触发二极管 VD 的触发电压时，双向二极管 VD 导通，进而触发双向晶闸管 VS 也导通，照明灯 EL 点亮。

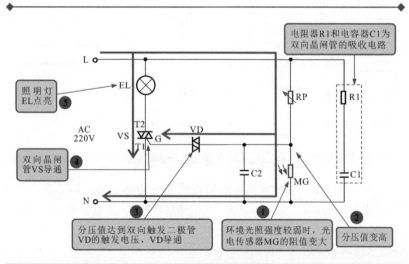

图 3-13 光照强度较弱时光敏传感器的控制关系

3.3.2　光电检测控制电路

图 3-14 所示为采用光敏传感器（光敏电阻器）的光控照明灯电路。该电路可大致划分为光照检测电路和控制电路两部分。

光照检测电路是由光敏电阻器 RG、电位器 RP、电阻器 R1、R2 以及非门集成电路 IC1 组成的。控制电路是由时基集成电路 IC2、二极管 VD1 和 VD2、电阻器 R3~R5、电容器 C1 和 C2 以及继电器线圈 KA、继电器常开触点 KA-1 组成的。

扫一扫看视频

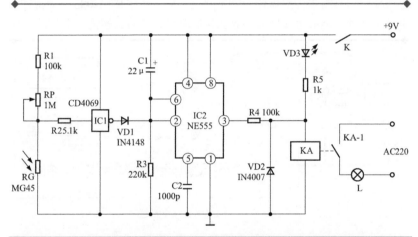

图 3-14　采用光敏传感器（光敏电阻器）的光控照明灯电路

当白天光照强度较强时，光敏电阻器 RG 的阻值较小，则 IC1 输入端为低电平，输出为高电平，此时 VD1 导通，IC2 的②、⑥脚为高电平，③脚输出低电平，发光二极管 VD2 亮，但继电器线圈 KA 不吸合，白炽灯 L 不亮。

当光照强度较弱时，RG 的电阻值变大，此时 IC1 输入端电压变为高电平，输出低电平，使 VD1 截止；此时，电容器 C1 在外接直流电源的作用下开始充电，使 IC2②、⑥脚电位逐渐降低，③脚输出高电平，使继电器线圈 KA 吸合，带动常开触点闭合，白炽灯 L 接通电源，点亮。

3.4 磁电传感器与磁场检测控制电路

3.4.1 磁电传感器的控制关系

磁电传感器是一种能够将磁感应信号转换为电信号的器件，常用于机械测试及自动化测量的领域中。

图 3-15 所示为磁电传感器的连接关系。从图中可以看出，该磁电传感器采用的是霍尔传感器作为磁场测控器件。霍尔传感器是一种特殊的半导体器件，能够直接感知外界变化的磁场，并将其转换为电信号。

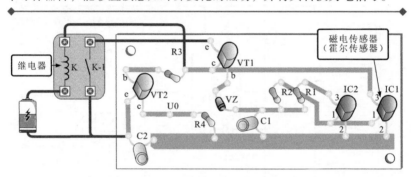

a）磁电传感器的实物连接

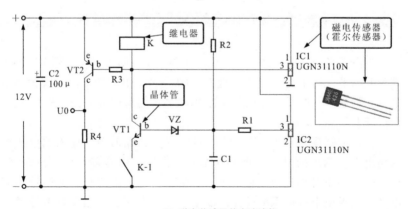

b）磁电传感器的电路连接

图 3-15 磁电传感器的连接关系

图 3-16 所示为无磁铁靠近时磁电传感器的控制关系。无磁铁靠近时，磁电传感器 IC1、IC2 的③脚输出高电平，继电器 K 线圈不能得电，常开触点 K-1 处于断开状态，使晶体管 VT1 截止；同时晶体管 VT2 也截止，U0 端输出低电平。

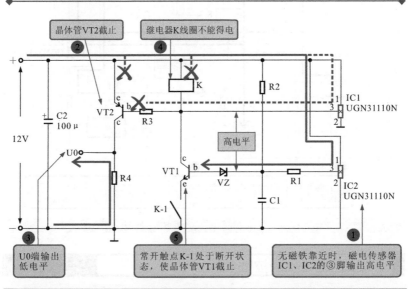

图 3-16　无磁铁靠近时磁电传感器的控制关系

图 3-17 所示为磁铁靠近磁电传感器 IC1 时的控制关系。当磁铁靠近磁电传感器 IC1 时，磁电传感器 IC1 的③脚输出低电平，经电阻器 R3 加到晶体管 VT2 的基极，此时基极电压低于发射极电压，晶体管 VT2 导通，U0 端输出高电平；同时为继电器 K 线圈提供电流，继电器 K 线圈得电，常开触点 K-1 闭合，晶体管 VT1 的发射极接地，基极电压为高电平，高于发射极电压，晶体管 VT1 导通，即使磁铁离开磁电传感器 IC1，仍能保持晶体管 VT2 的导通。

当磁铁离开磁电传感器 IC1 靠近 IC2 时，磁电传感器 IC1 的③脚输出高电平，IC2 的③脚输出低电平，稳压二极管将 VT1 基极钳位在低电平，进而使晶体管 VT1 截止，继电器 K 线圈失电，常开触点 K-1 复位断开。此时晶体管 VT2 的基极变为高电平，VT2 截止，U0 端输出低电平。

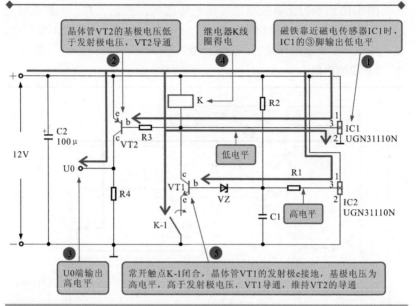

图 3-17　磁铁靠近磁电传感器 IC1 时的控制关系

3.4.2　磁场检测控制电路

图 3-18 所示为电磁炉的锅质检测电路。锅质检测是靠炉盘的感应电压（电动势）实现的。

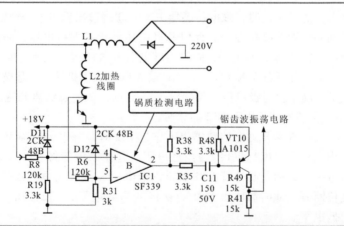

图 3-18　电磁炉的锅质检测电路

工作时，交流 220V 经桥式整流堆输出 300V 的直流电压，300V 的直流电压经过平滑线圈 L1，将电压送到炉盘线圈 L2 上。炉盘线圈 L2 的工作受 IGBT 的控制，IGBT 的开、关控制在炉盘线圈里面就变成了开、关的电流变化（即高频振荡的开、关电流）。

当锅放到炉盘上，锅本身就成了电路的一部分。当锅靠近加热线圈时，由于锅是软磁性材料，很容易受到磁化的作用，有锅和没有锅，以及锅的大小、厚薄，都会对加热线圈的感应产生一定的影响。从炉盘线圈取出一个信号经过电阻 R6 送到电压比较器（锅质检测电路）SF339 的⑤脚。SF339 是一个集成电路，它由 4 个比较器构成。SF339 的④脚和⑤脚分别有正号和负号的标识，其中正号表示同向输入端（即输入信号和输出信号的相位相同），负号表示反向输入端（即输出信号和输入信号的相位相反）。以④脚的电压为基准，若线圈输出信号有变化，就会引起⑤脚输入的电压发生变化。如果⑤脚的输入电压低于④脚，那么电压比较器 SF339②脚的输出电压就是高电平；如果⑤脚的电压升高超过了④脚的电压，那么 SF339②脚的输出电压就会变成低电平。因此，如果 SF339②脚输出的电压发生变化，就表明被检测的物质发生变化。锅质检测电路输出的信号经过晶体管 VT10，会将变化的信号放大，然后用放大的信号去控制锯齿波振荡电路，这就是这种电压比较器（锅质检测电路）的工作过程。

3.5　气敏传感器与气体检测控制电路

3.5.1　气敏传感器的控制关系

气敏传感器是一种将气体信号转换为电信号的器件，可检测出环境中某种气体及浓度，并将其转换成不同的电信号。该传感器主要用于可燃或有毒气体泄漏的报警电路中。

图 3-19 所示为气敏传感器的连接关系。从图中可以看出，该气体传感器采用的是气敏电阻器作为气体检测器件。气敏电阻器是利用电阻值随气体浓度变化而变化这一特性来进行气体测量的。

图 3-20 所示为纯净空气中气敏传感器的控制关系。电路开始工作时，9V 直流电源经滤波电容器 C1 滤波后，由三端稳压器稳压输出 6V 直流电

源，再经滤波电容器 C2 滤波后，为气体检测控制电路提供工作条件。

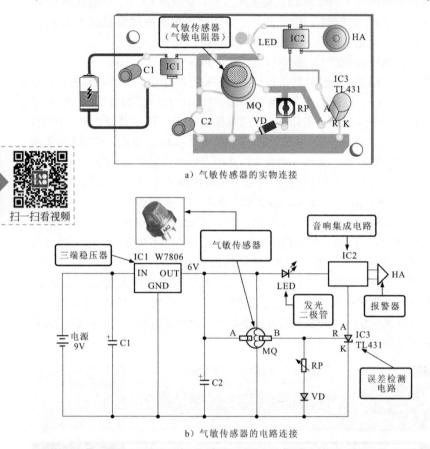

a）气敏传感器的实物连接

b）气敏传感器的电路连接

图 3-19　气敏传感器的连接关系

　　在空气中，气敏传感器 MQ 的阻值较大，其 B 端为低电平，误差检测电路 IC3 的输入极 R 电压较低，IC3 不能导通，发光二极管不能点亮，报警器 HA 无报警声。

　　图 3-21 所示为有害气体泄漏时气敏传感器的控制关系。当有害气体泄漏时，气敏传感器 MQ 的阻值逐渐变小，其 B 端电压逐渐升高，当 B 端电压升高到预设的电压值时（可通过电位器 RP 进行调节），误差检测电路 IC3 导通，接通音响集成电路 IC2 的接地端，IC2 工作，发光二极管点亮，报警器 HA 发出报警声。

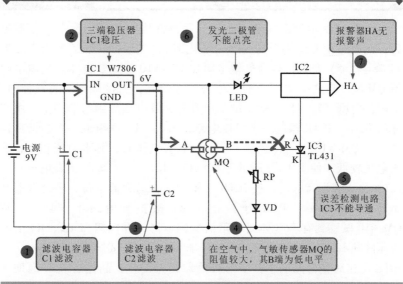

图 3-20　纯净空气中气敏传感器的控制关系

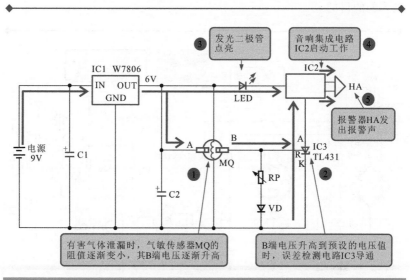

图 3-21　有害气体泄漏时气敏传感器的控制关系

61

3.5.2　气体检测控制电路

　　图 3-22 所示为由气敏电阻器等元器件构成的家用瓦斯报警器电路，此电路中 QM-N10 是一个气敏电阻器。220V 市电经电源变压器 T1 降至 5.5V 左右，作为气敏电阻器 QM-N10 的加热电压。气敏电阻器 QM-N10 在洁净空气中的阻值为几十千欧，当接触到有害气体时，电阻值急剧下降，使其输出端电压升高，该电压加到与非门上。由与非门 IC1A、IC1B 构成一个门控电路，IC1C、IC1D 组成一个多谐振荡器。当 QM-N10 气敏传感器未接触到有害气体时，其电阻值较高，输出电压较低，使 IC1A②脚处于低电位，IC1A 的①脚处于高电位，故 IC1A 的③脚为高电位，经 IC1B 反相后其④脚为低电位，多谐振荡器不起振，晶体管 VT2 处于截止状态，故报警电路不发声。一旦 QM-N10 敏感到有害气体时，阻值急剧下降，在电阻器 R2、R3 上的电压降使 IC1A 的②脚处于高电位，此时 IC1A 的③脚变为低电平，经 IC1B 反相后变为高电平，多谐振荡器起振工作，晶体管 VT2 周期性地导通与截止，于是由 VT1、T2、C4、HTD 等构成的正反馈振荡器间歇工作，发出报警声。与此同时，LED1 闪烁，从而达到有害气体泄漏告警的目的。

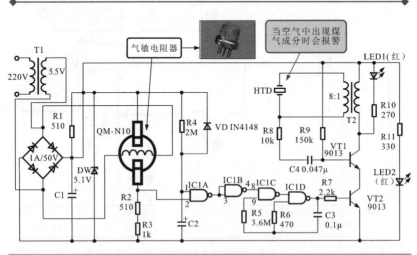

图 3-22　气敏传感器及接口电路

第4章
遥控及自动报警控制

4.1 遥控电路控制

4.1.1 555红外发射控制电路

图4-1所示为由555时基电路组成的单通道非编码式红外发射电路。

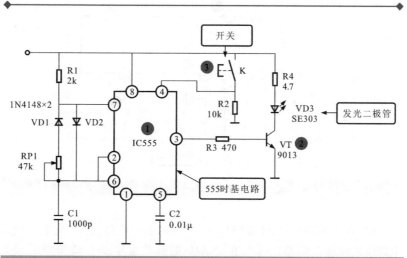

图4-1 由555时基电路组成的单通道非编码式红外发射电路

1）电路中的555时基电路构成多谐振荡器，由于在充放电回路中设置了隔离二极管VD1、VD2，所以充放电回路可独立调整，使电路输出脉冲的占空比达到1:10，这有助于提高红外发光二极管的峰值电流，增大发射功率。

2）555 的③脚输出的脉冲信号经 R3 加到晶体管 VT 的基极，由 VT 驱动红外发光二极管 VD3 工作。

3）只要按动一次开关 K，电路便可向外发射红外线，作用距离为 5~8m。

4.1.2 M50560 红外发射控制电路

图 4-2 所示为一个使用 M50560 遥控发射用集成电路组成的单通非编码式红外发射电路。

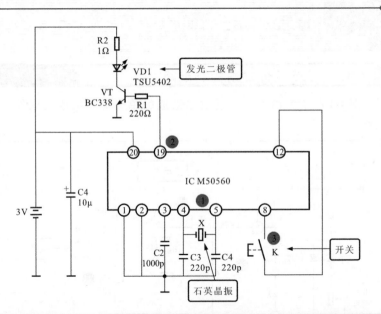

图 4-2 用 M50560 遥控发射用集成电路组成的单通非编码式红外发射电路

1）在 M50560 的第④⑤脚接有 C3、C4 及石英晶振 X，它们和内部电路组成时钟振荡器，可产生 456kHz 的脉冲信号，经 12 分频后成为 38kHz、占空比为 1∶3 的红外载波信号。

2）M50560 的⑲脚为调制信号的输出端，经晶体管 VT 驱动发射红外光及二极管 VD1 工作。

3）K 为发射控制键，只要按动 K，便可向外发射调制的红外光。

4.1.3　编码式红外发射控制电路

图 4-3 所示为编码式红外发射控制电路。该电路是由红外遥控键盘矩阵电路、M50110P 红外遥控发射集成电路及放大驱动电路三部分组成。

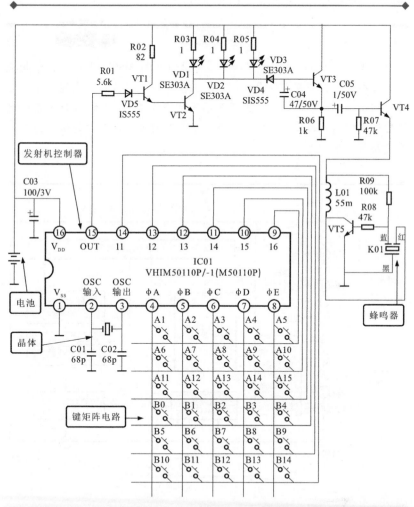

图 4-3　编码式红外发射控制电路

图 4-3 的核心电路是 IC01 M50110P 红外遥控发射集成电路。其④~
⑭脚外接键盘矩阵电路，即人工指令输入电路，操作按键后，IC01 的⑮
脚输出遥控指令信号，经 VT1、VT2 放大后驱动红外发光二极管 VD1~
VD3，发射出红外光遥控信号。

K01 为蜂鸣器，VT3、VT4 为蜂鸣器驱动晶体管，发射信号时蜂鸣
器有信号的鸣声，以提示信号已发射出去。

相关资料

图 4-4 所示为红外遥控发射集成电路（IC01 M50110P）内部结构框
图。遥控编码、调制、输出放大和人工指令输入电流都集成在其中。键
寻址扫描信号产生电路，产生多个不同时序的脉冲信号，经键盘矩阵电
路后送到键输入编码器，振荡电路产生调制载波。调制后的信号经放大
后由⑮脚输出。

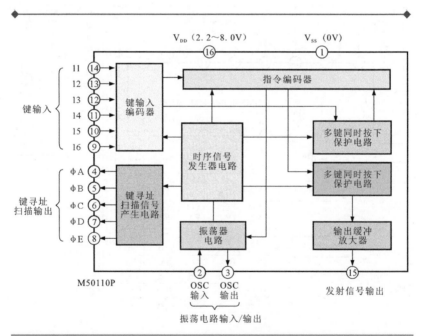

图 4-4　红外遥控发射集成电路（IC01 M50110P）内部结构框图

4.1.4　红外遥控接收控制电路

图 4-5 所示为一种红外遥控接收控制电路，该控制电路主要由运算放大器 IC1 和锁相环集成电路 IC2 组成。

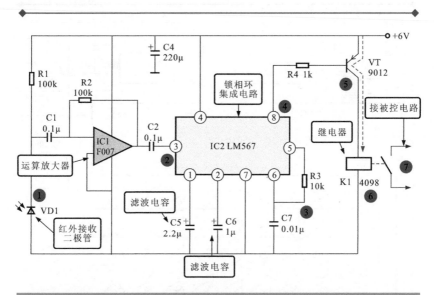

图 4-5　红外遥控接收控制电路

1）由红外发射电路发射出的红外光信号由红外接收二极管 VD1 接收，并转变为电脉冲信号。

2）电脉冲信号经 IC1 集成运算放大器进行放大，输入锁相环电路 IC2。

3）锁相环电路由 R3 和 C7 组成具有固定频率的振荡器，其频率与发射电路的频率相同。

4）由于 IC1 输出信号的振荡频率与锁相环电路 IC2 的振荡频率相同，所以 IC2 的⑧脚输出低电平。

5）IC2 的⑧脚输出的低电平使晶体管 VT 导通。

6）继电器 K1 吸合，其触点可作为开关去控制被控负载。

7）没有红外光信号发射时，IC2 的⑧脚为高电平，VT 处于截止状态，继电器不会工作。

4.1.5　多功能遥控发射和接收控制电路

图 4-6 所示为多功能遥控发射控制电路。

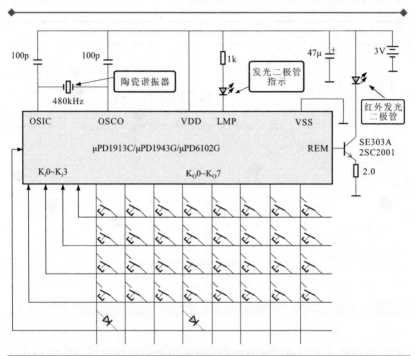

图 4-6　多功能遥控发射控制电路

μPD1913C 是产生遥控发射信号的集成电路，它将振荡、编码和调制电路集成在其中。其外接陶瓷谐振器，操作键盘为 IC 提供人工指令信号。LMP 端外接发光二极管指示工作状态，REM 端输出遥控信号，该信号经晶体管驱动红外发光二极管，发射遥控信号。

图 4-7 所示为红外遥控接收电路。

红外光电二极管 PH 302 将接收的信号电流送入 μPC1373 H，经放大整形后由 OUT 端输出，然后送到 MPU，MPU 根据内存的程序输出各种控制指令（D0~D3，B0~B3）。

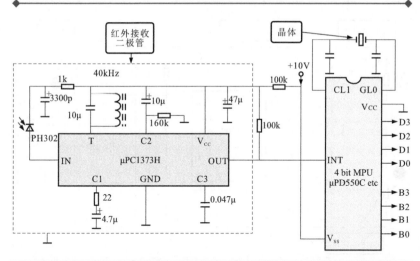

图 4-7　红外遥控接收电路

4.2　自动报警电路控制

4.2.1　光控防盗报警控制电路

图 4-8 所示为一种光控防盗报警控制电路。它是由光检测电路、语音芯片 HFC5209 和扬声器的驱动电路等部分构成的。光敏电阻器 RG 可设置在需要防护的箱柜内。

1）当箱门处于关闭状态时，无光照，光敏电阻器的阻值很大，VT1 正偏而导通，VT2 则截止，IC1 芯片的触发端（TRIG）为低电平，电路不动作，处于监控等待状态。

2）当箱门被非法打开时（偷盗情况），有光照到光敏电阻器上，光敏电阻器的阻值下降，VT1 截止，VT2 导通，IC1 芯片的触发端为高电平，语音芯片被触发，输出报警的语音信号，经 VT3 驱动扬声器发声。

3）标准 COB 黑膏软封式的语音合成报警集成电路内储有"请简短留言""抓贼啊"等警告语音信号。

扫一扫看视频

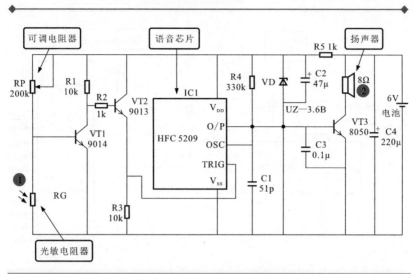

图4-8　光控防盗报警控制电路

4.2.2　煤气泄漏检测和语音报警控制电路

图4-9所示为煤气泄漏检测和语音报警控制电路，它由可燃性气体检测传感器 QM-N10 和语音芯片 KD9561 等组成。

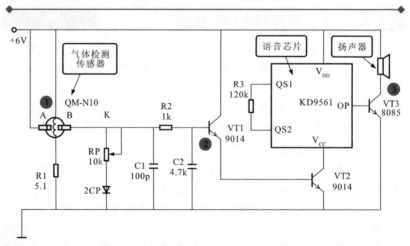

图4-9　煤气泄漏检测和语音报警控制电路

1）当煤气浓度增加时，传感器 QM-N10 中 A、B 电极之间的电阻降低。

2）K 点的电压会升高，升高的电压经 R2 加到 VT1，使 VT1 导通。

3）VT1 导通又使 VT2 导通，接通了语音芯片的供电，于是语音芯片输出报警音响，驱动 VT3 使扬声器发声。

4.2.3 火灾报警控制电路

图 4-10 所示为一种火灾报警控制电路。该控制电路主要由供电电路、火灾检测电路、驱动控制电路以及报警器等组成。气敏电阻器 VR1、驱动晶体管 VT、驱动 IC（TWH8778）是火灾报警控制线路的主要元器件。

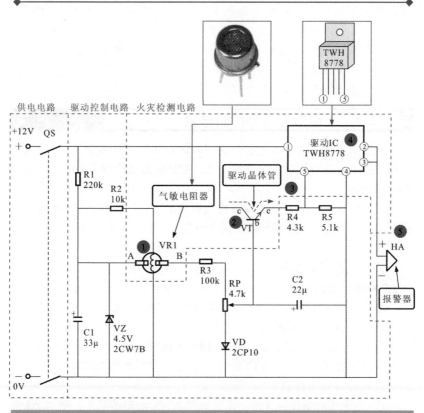

图 4-10   一种火灾报警控制电路

1）当发生火灾时，气敏传感器检测到烟雾。

2）气敏传感器 A、B 两点间的电阻值变小，导电率升高，为驱动晶体管 VT 的基极提供工作电压。

3）驱动晶体管 VT 的集电极和发射极导通，为驱动 IC（TWH8778）的⑤脚提供工作电压。

4）驱动 IC（TWH8778）内部开关导通。

5）②脚和③脚输出直流电压为报警器供电，报警器发出报警信号。

相关资料

气敏电阻器又称为气敏传感器，该电阻器是一种新型半导体元件，这种电阻器是利用金属氧化物半导体表面吸收某种气体分子（烟雾）时，会发生氧化反应或还原反应而使电阻值改变的特性而制成的。

TWH8778 属于高速集成电子开关，可用于各种自动控制电路中，在定时器、报警器等实际电路中的应用比较广泛。其①脚为输入端、②脚和③脚为输出端，⑤脚为控制端。

4.2.4　土壤湿度检测控制电路

湿度检测控制电路的功能是利用湿敏电阻器对土壤湿度进行检测，并采用指示灯进行提示，使种植者可以随时根据该检测设备的提醒采取相应的措施。

图 4-11 所示为典型土壤湿度检测控制电路。该控制电路由电池、电路开关、晶体管、三端稳压器、可变电阻器、湿度电阻器和发光二极管等构成。

（1）湿度正常状态

1）闭合电路开关 SA。

2）9V 电源为检测电路供电。湿度正常时，湿敏电阻器 MS 的阻值大于可变电阻器 RP 的阻值。

3）此时，电压比较器 IC1 的③脚电压低于②脚、IC1 的⑥脚输出低电平，晶体管 VT1 截止、VT2 导通，指示二极管 LED2 绿灯亮。

（2）湿度过大状态

1）当土壤的湿度过大时，湿敏电阻器 MS 的阻值减小，则 IC1③脚的电压上升。

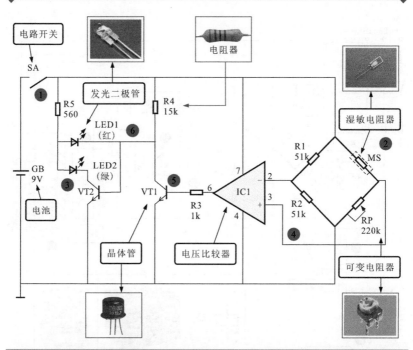

图 4-11　典型土壤湿度检测控制电路

2）电压经比较器器 IC1 的⑥脚输出高电平，使晶体管 VT1 导通、VT2 截止。

3）指示二极管 LED1 点亮、LED2 熄灭，给种植者以提示，应当适当减小大棚内的湿度。

4.2.5　水位自动检测控制电路

图 4-12 所示为一种通过对水池水位的检测，自动控制供水的电路，三相电源经断路器 QF 和交流接触器的主触点为泵水电动机供电。泵电动机旋转为水池供水。

1）在水池中设有水位电极，M 为主电极，L 为低水位电极，H 为高水位电极。当水池中无水或低水位时，控制电路中 H 电极悬空，晶体管 VT1 处于截止状态。

2）IC②脚、⑥脚为高电平，③脚输出低电平。

3）继电器 KA 不动作，KA-1 常闭触点闭合。

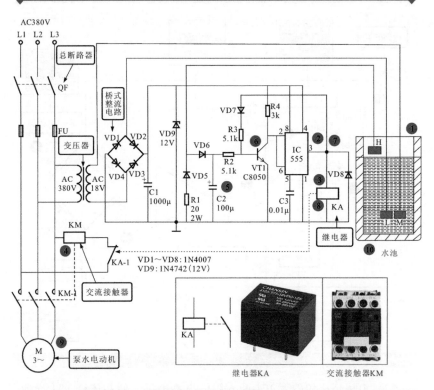

图 4-12　水池水位检测自动控制供水电路

4）KM 得电，KM-1 主触点闭合，电动机得电，进行灌水。

5）当水池中的水位升高到高水位时，高水位电极 H 与主电极 M 接通，且与交流 18V 电源相连，经 VD5、VD6 倍压整流为 C2 充电。

6）晶体管 VT1 基极电位升高而导通，使 IC 的②脚、⑥脚电平降低。

7）触发器 IC 的③脚输出高电平。

8）继电器 K 得电动作，使 KA-1 常闭触点断开。

9）KM 失电，KM-1 断开，电动机停转，停止灌水。

10）当池中水位低至 L 电极以下时，使 L 电极与 M 电极断开，切断了控制电路的电源，继电器失电复位，泵电动机再次得电，又开始灌水，如此反复，可实现自动检测和控制。

4.2.6　菌类培养室湿度检测控制电路

图 4-13 所示为典型的菌类培养室湿度检测控制电路。该控制电路由电池进行供电,由金属检测探头、可变电阻器、晶体管、发光二极管、集成电路 IC NE 555 和扬声器等构成。

(1) 湿度过大时的状态

1) 闭合电源开关 SA。

2) 当培植菌类的环境湿度增大时,两探头之间的电阻减小。

3) 晶体管 VT1、VT2 和 VT4 导通。

4) 晶体管 VT5 截止,晶体管 VT6 导通使发光二极管 LED2 发光,指示湿度过大。

5) 二极管 VD2 导通,集成电路芯片 IC NE555 的④脚、⑧脚电压上升,于是③脚输出报警信号,扬声器发出警报声。

(2) 湿度过小时的状态

1) 当土壤过干时,两探头之间的阻值增大几乎断路。

2) 晶体管 VT1 和 VT2 截止。

3) 晶体管 VT3 导通,发光二极管 LED1 发光,指示湿度过小。

4) 二极管 VD1 导通,集成电路芯片 IC NE555 的④脚、⑧脚电压上升,于是其③脚输出报警信号,扬声器会发出警报声。

(3) 湿度适宜时的状态

1) 当土壤湿度适宜时,两探头间阻抗中等。

2) 晶体管 VT4 截止、VT1 导通。

3) 晶体管 VT3、VT6 截止,IC NE555 的④脚、⑧脚为低电平,IC 无动作,扬声器无声。

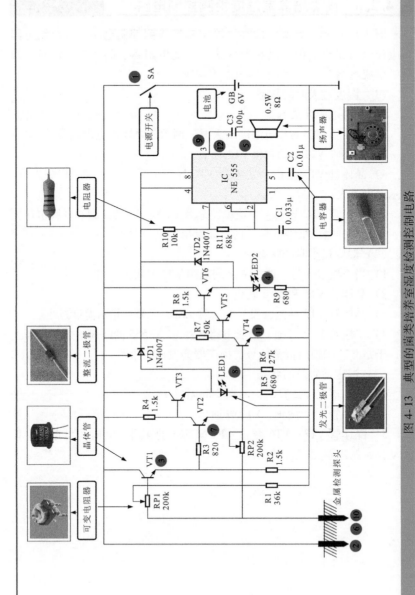

图 4-13　典型的菌类培养室湿度检测控制电路

第 5 章
微处理器与微处理器控制电路

5.1 微处理器的特点

5.1.1 微处理器的构造

微处理器简称 CPU，它是将控制器、运算器、存储器、输入和输出通道、时钟信号产生电路等集成于一体的大规模集成电路。由于它具有分析和判断功能，有如人的大脑，因而又被称为微电脑。广泛地应用于各种电子电器产品之中，为产品增添了智能功能。微处理器有很多的品种和型号。

图 5-1 所示为典型的 CMOS 微处理器的结构示意图，从图中可见，它是一种双列直插式大规模集成电路，是采用绝栅场效应晶体管制造工艺而成的，因而被称为 CMOS 型微处理器，其中电路部分是由多部分组成的。

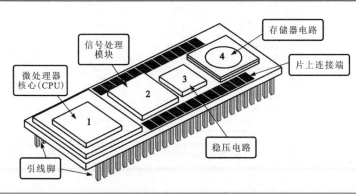

图 5-1 典型 CMOS 型微处理器的电路结构实例

图 5-2 所示为微处理器的引脚排列和功能视图，图 5-3 所示为微处理器的内部功能方框图，图中各主要外接端子的功能如下：

RES：复位

PA3-0：输入通道 A3-0

PB3-0：输入通道 B3-0

PC3-0：输入/出双向通道 C3-0

PD3-0：输入/出双向通道 D3-0

PE3-0：输出通道 E3-0

PF3-0：输出通道 F3-0

PG3-0：输出通道 G3-0

PH3-0：输出通道 H3-0

PI2-0：输出通道 I2-0

TEST：测试端

RAM：随机存取存储器

ROM：只读存储器

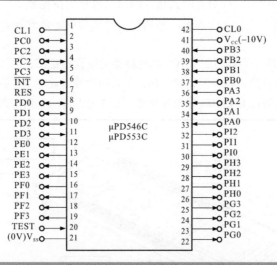

图 5-2　典型微处理器的引脚排列和功能视图

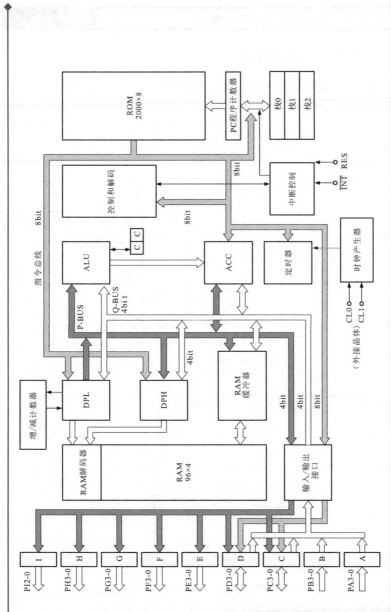

图 5-3　微处理器的内部功能方框图

5.1.2　微处理器的基本电路

1. 输入端保护电路

CMOS 微处理器是一种大规模集成电路（LSI），其内部是由 N 沟道或 P 沟道场效应晶体管构成的，输入电压超过 200V 时会将集成电路内的电路损坏，为此在某些输入引脚要加上保护电路，如图 5-4 所示。

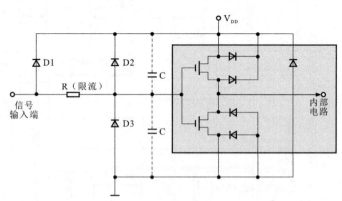

钳位二极管	耐压	IC内的晶体管	耐压
D1、D2	30～40 V	P沟道	30 V
D3	30～40 V	N沟道	40 V

图 5-4　LSI 输入端子保护电路

由于各种输入信号的情况不同，当个引脚之间加有异常电压的情况下，保护电路形成电路通道从而对 LSI（大规模集成电路）内部电路实现了保护。其保护电路的结构和原理如图 5-5 所示。

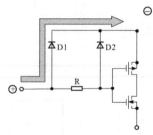

a）输入端与电源之间的通路

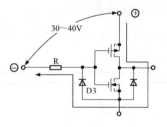

b）电源端与输入端之间的通路

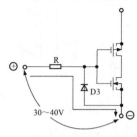

c）输入端与地线之间形成通路

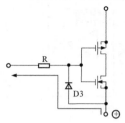

d）地线与输入端之间形成通路

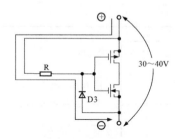

e）输入信号为高电平时电源与
地线之间形成通路

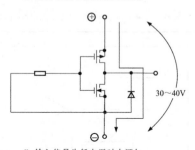

f）输入信号为低电平时电源与
地线之间形成通路

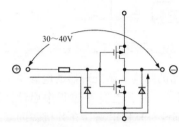

g）输入端与输出端之间形成通道

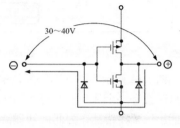

h）输出端与输入端之间形成通道

图 5-5　各种保护电路的结构和工作原理

2. 复位电路

图 5-6 所示为微处理器（CPU）外部复位电路的结构，在电源接入时为 CPU 提供复位信号。

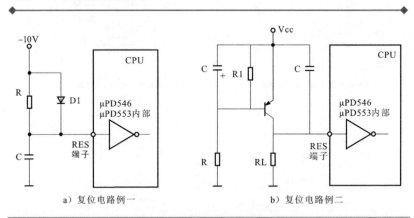

a）复位电路例一　　　　　　　　　b）复位电路例二

图 5-6　微处理器的外部复位电路

复位时集成电路内部电路的状态如图 5-7 所示。

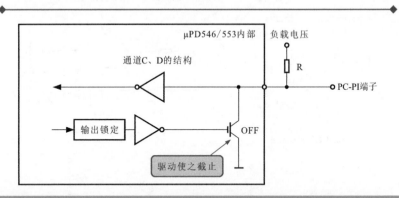

图 5-7　复位时集成电路内部电路的状态

图 5-8a 所示为微处理器复位电路的结构。微处理器的电源供电端在开机时会有一个从 0 上升至 5V 的过程，如果在这个过程中启动，则有可能出现程序错乱，为此微处理器都设有复位电路，在开机瞬间复位端保持 0V，低电平。当电源供电接近 5V 时（大于 4.6V），复位端的电压变成高电平（接近 5V）。此时微处理器才开始工作。在关机时，当电压

值下降到小于 4.6V 时复位电压下降为零，微处理器程序复位，保证微处理器正常工作。图 5-8b 所示为电源供电电压和复位电压的时间关系。

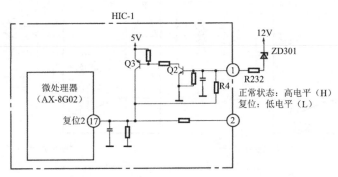

a）电路结构

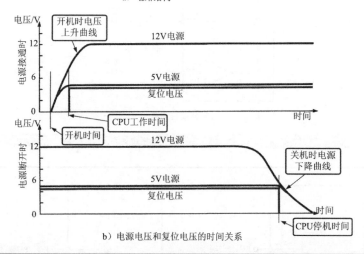

b）电源电压和复位电压的时间关系

图 5-8　复位电路的检测部位和数据

3. 微处理器的时钟信号产生电路

图 5-9 所示为 CPU 时钟信号产生电路的外部电路结构。外部谐振电路与内部电路一起构成时钟信号振荡器，为 CPU 提供时钟信号。

4. CPU 接口的内部和外部电路

图 5-10 所示为 CPU 输入/输出通道的内部和外部电路。

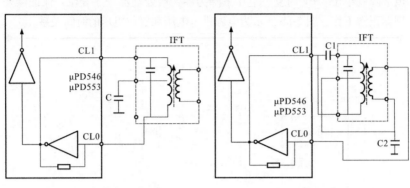

a）外接变压器例1　　　　　　　　　　　　b）外接变压器例2

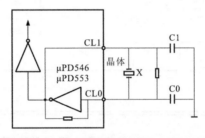

c）外接石英晶体

图 5-9　CPU 时钟信号产生电路的外部电路结构

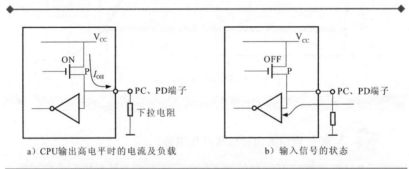

a）CPU输出高电平时的电流及负载　　　　　b）输入信号的状态

图 5-10　CPU 输入/输出通道的内部和外部电路

图 5-11 所示为 CPU 输出通道的电路及工作状态，该通道采用互补推挽的输出电路。

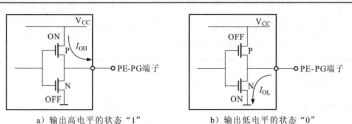

a）输出高电平的状态"1"   b）输出低电平的状态"0"

图 5-11   CPU 输出通道的结构及工作状态

5.2   微处理器的外围电路

5.2.1   CPU 的外部接口电路

图 5-12 所示为 CPU 和外部电路的结构实例，由于 CPU 控制的电子电气元器件（或电路）不同，被控电路所需的电压或电流不能直接从 CPU 电路得到，因而需要加接口电路，或称转换电路。

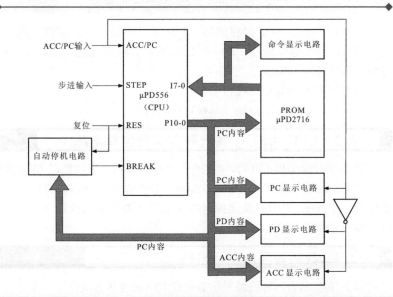

图 5-12   由 CPU 构成的电路结构

图 5-13 所示为 CPU 的输入和输出接口电路的实例，输入和输出信号都经 MPD4050C 缓冲放大器，设置缓冲放大器的输入、输出电压极性和幅度，使其可以满足电路的要求。

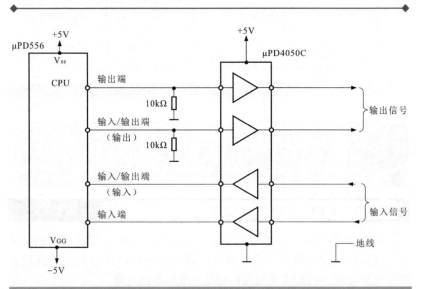

图 5-13 CPU 输入和输出接口电路

图 5-14 所示为 CPU 对存储器（PROM）的接口电路实例。微处理器（CPU）输出地址信号（P0~P10）给存储器，存储器将数据信号通过数据接口送给 CPU。

图 5-15 所示为高耐压接口电路实例。

图 5-16 所示为自动停机控制接口电路实例。

5.2.2 CPU 的输入/输出和存储器控制电路

图 5-17 所示为以 CPU 为中心的自动控制电路，该电路以 CPU 为中心，它工作时接收运行/自动停机/步进电路的指令，外部设有两个存储器存储工作程序，PH3-0 输出控制指令经 PLA 矩阵输出执行指令。同时 CPU 输出显示信号。

5.2.3 数码管显示驱动电路

图 5-18 所示为一种液晶显示数码管和电极连接方式图。

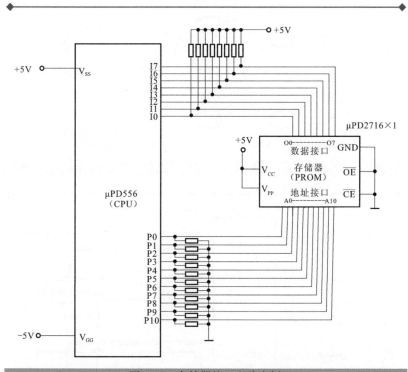

图 5-14　存储器接口电路实例

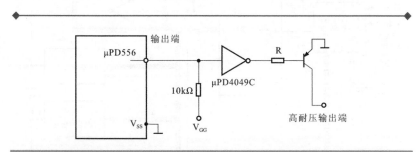

图 5-15　高耐压接口电路实例

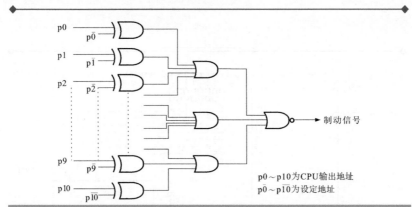

图 5-16　自动停机控制接口电路实例

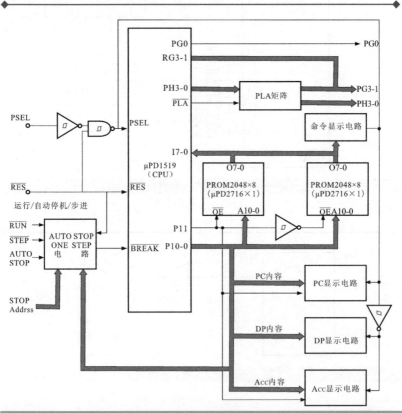

图 5-17　以 CPU 为中心的自动控制电路实例

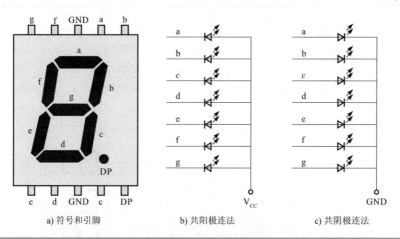

a) 符号和引脚　　　　b) 共阳极连法　　　　c) 共阴极连法

图 5-18　液晶显示数码管和电极连接方式

图 5-19 所示为 CPU 驱动多位液晶显示数码管的电路结构实例。

5.2.4　定时控制电路

　1. 基本定时控制电路（CD4060）

图 5-20 所示为一种简易定时电路，它主要由一片 14 位二进制串行计数/分频集成电路和供电电路等组成。IC1 内部电路与外围元件 R4、R5、RP1 及 C4 组成 RC 振荡电路。

当振荡信号在 IC1 内部经 14 级二分频后，在 IC1 的③脚输出经 8192（2^{13}）次分频信号，也就是说，若振荡周期为 T，利用 IC1 的③脚输出作延时，则延时时间可达 8192T，调节 RP1 可使 T 变化，从而起到了调节定时时间的目的。

开机时，电容 C3 使 IC1 清零，随后 IC1 便开始计时，经过 8192T 时间后，IC1③脚输出高电平脉冲信号，使 VT1 导通，VT2 截止，此时继电器 K1 因失电而停止工作，其触点即起到了定时控制的作用。

电路中的 S1 为复位开关，当要中途停止定时，只要按动一下 S1，则 IC1 便会复位，计数器便又重新开始计时。电阻 R2 为 C3 提供放电回路。

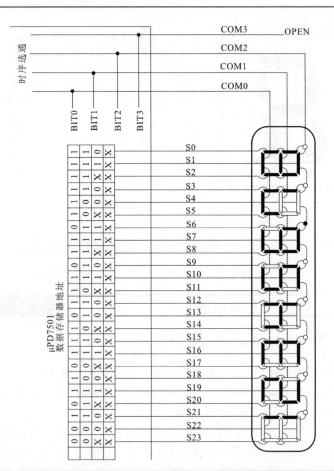

图 5-19　CPU 驱动多位液晶显示数码管的电路结构实例

 2. 低功耗定时器控制电路（CD4541）

图 5-21 所示为一种低功耗定时器电路，它主要由高电压型 CMOS 程控定时器集成电路 CD4541 和供电电路等部分构成。操作启动开关时，IC1 使 VT1 导通，继电器 K1 动作，K1-1 触点自锁，K1-2 闭合为负载供电。

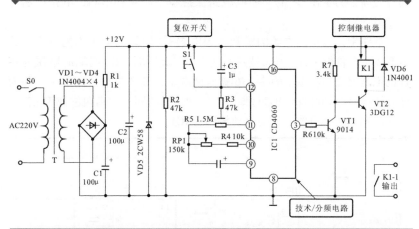

图 5-20　简易定时电路

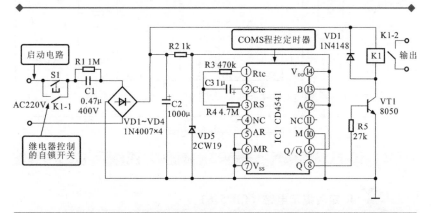

图 5-21　低功耗定时器电路

 3. 具有数码显示功能的定时控制电路（NE55+74LS193+CD4511）

图 5-22 所示为一种具有数码显示功能的定时控制电路，其采用数码显示可使人们能直观地了解时间进程和时间余量，并可随意设定定时时间。

该电路中，IC1 为 555 时基电路，它与外围元器件组成一个振荡电路。IC2 为可预置四位二进制可逆计数器 74LS193，它与 R2、C3 构成预置数为 9 的减法计数器。IC3 为 BCD-7 段锁存/译码/驱动器 CD4511，它与数码管 IC1 组成数字显示部分。C1 和 R1、RP1 用来决定振荡电路的翻转时间，为了使 C1 的充放电电路保持独立而互补影响，电路中加入了 VD1、VD2。

　　电路中，在接通电源的瞬间，因电容 C3 两端的电压不能突变，故给 IC2 一个置数脉冲，IC2 被置数为 9。与此同时，C1 两端的电压为零且也不能突变。故 IC1 的②、⑥脚为低电平，其③脚输出高电平，并为计数器提供驱动脉冲。IC2⑬脚输出脉冲信号的同时输出四位 BCD 信号，经译码器和驱动电路 IC3 去驱动数码管 IC4。

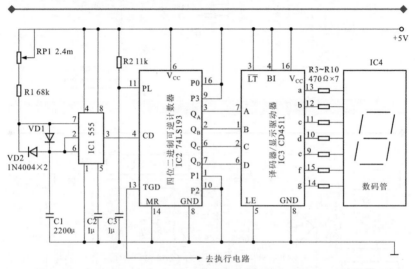

图 5-22　　数码显示功能的定时控制电路

 4. 定时提示电路（CD4518）

　　图 5-23 所示为一种典型的定时提示电路，该电路的主体是 IC1 COMS 向上计数器电路，内设振荡电路。电源接通后，即为 IC1 复位，计数器开始工作，经一定的计数周期（64 周期）后，Q7~Q10 端陆续输出高电平，当 Q7~Q10 都为高电平时，定时时间到，VT1 导通，蜂鸣器发声，提示到时。

 5. 电子定时提示电路

　　图 5-24 所示为一种电子定时电路。该定时器用于预置时间和定时提示报警，并向使用者作出指示的电子装置。图中 NE555 被设计为振荡

频率为 582.4Hz~17.48kHz 之间的多谐振荡器，CD4024 与 CD4020 共同构成 2^{20} 分频器，CD40107 为驱动电路，该电路的定时时间为 1~30min。

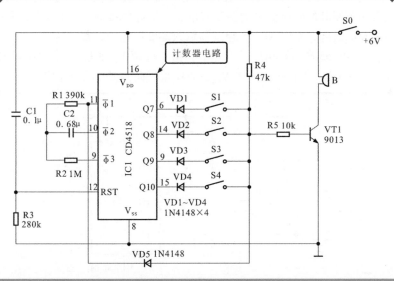

图 5-23　定时提示电路

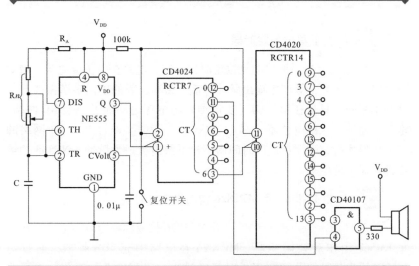

图 5-24　电子定时电路

6. 自动置位的定时器

图5-25所示为一个自动置位的定时器电路。这是一个接通电源就能发出可靠脉冲的单稳多谐振荡器电路。电源一接通，电容C2需要一定的充电时间，所以NE555触发器输入端②脚电位一般能在1/3 V_{CC}一下，使NE555产生输出脉冲。然后，由于电源V_{CC}通过R2和D1对C2充电，使C2上电位逐渐接近V_{CC}，VD1呈反向偏置起隔离作用。

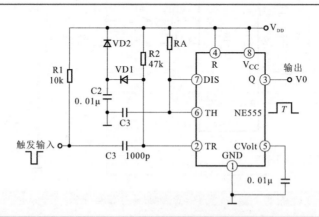

图5-25　自动置位的定时器电路

 7. 自动复位的定时器

图5-26所示为一种自动复位定时器电路。电路在电源接通时，绝对不会因为电源冲击等产生输出脉冲。该电路和一般的单稳多谐振荡器电路基本相同，只是在第④脚（复位端）与电源之间加了一个RC网络。电源接通后，④脚电位不会马上到达V_{CC}，而需要经过R3、C3网络的一段延迟才行，因而在这段时间内不论②脚有无触发脉冲，NE555的输出都将保持低电平。

 8. 由LM567及MP1826构成精密定时器

图5-27所示为一种由LM567及MP1826构成精密定时器电路，在这里LM567用作双频振荡器。MP1826在电路中充当分频器，通过对LM567输出信号的分频实现长时间定时。调整LM567的振荡频率可改变实时时间。

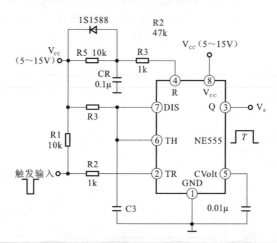

图 5-26　自动复位定时器电路

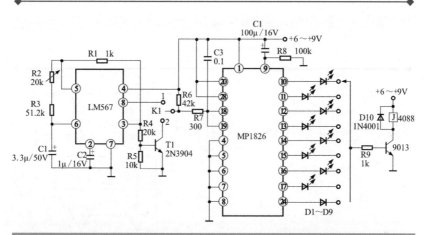

图 5-27　由 LM567 及 MP1826 构成精密定时器电路

 9. 单片定时警示器

图 5-28 所示为一种单片定时警示器。该警示器采用 14 级二进制串行计数/分频器 CD4060 外加阻容元件和晶体管等构成。其中，CD4060 与电阻 R1 和 R2、电容 C1，以及 IC 内部门电路组成振荡器。当电源接通后，C2、R4 组成的微分复位清零电路，给 CD4060 的⑫脚

一个尖脉冲，使 IC 复位，并进行计数。当计数达到 14 级（Q13）时，IC 的⑬脚呈高电平，VT1 导通，扬声器发出声音，定时结束。选择适当的 C1、R_w 可以得到相应的延时时间，CD4060 的逻辑功能如图 5-29 所示。

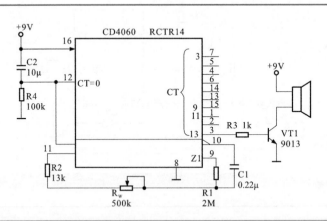

图 5-28　单片定时警示器

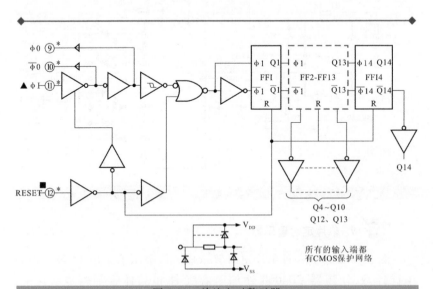

图 5-29　单片定时警示器

10. 定时控制电路

图 5-30 所示为一种定时控制电路，该电路采用与非门 CD4011 和时基电路 NE555 等构成低功耗定时控制电路。该电路中，与非门 CD4017 组成 R-S 触发器作为电子开关。当 K1 闭合接上电源瞬间，100kΩ 电阻和 0.01μF 电容使 YF2 输入端处于低电平状态，即 R-S 触发器的 S=0、R=1，则 Q=0，YF1 输出端被锁定在低电平"0"。晶体管 9013 截止，由 NE555 组成的单稳态定时器不工作。此时，整个电路仅有 YF1、YF2 和 9013 的静态电流 1~2μA。当 K2 按下时，产生一个负脉冲，使 YF1 输出高电平并锁定。9013 导通，NE555 得电而开始进入暂稳态，NE555 的③脚输出高电平，继电器 J 吸合。经延时一段时间后暂稳态结束，NE555 又恢复稳态。这时③脚输出为低电平，继电器 J 释放。若要定时器重新工作，应切断一下电源开关 K1，然后再合上，接着再按下 K2 即可。利用继电器的触点可对其他电气元器件进行控制。

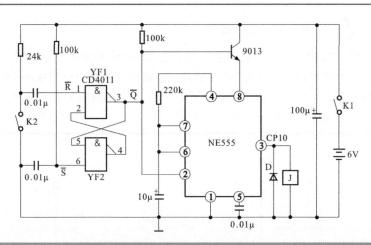

图 5-30　低功耗定时器电路

5.2.5　延迟电路

1. 键控延迟启动电路

图 5-31 所示为一种延迟启动电路，该电路中 SN74123 为双单稳 IC，将终端设备的键控输出信号或其他的按键或继电器的输出信号进行延

迟，延迟约为 5ms 以上，它可以消除按键触点的颤拦。本电路可用于各种电子产品的键控输入电路。

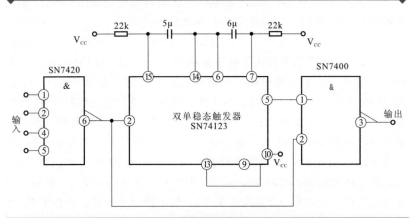

图 5-31　延迟启动电路

 2. 单脉冲展宽电路

图 5-32 所示为一种由单稳态触发器 CD4528 构成的单脉冲展宽电路。当单稳态触发器输入一个窄脉冲，在输出端会有一个宽脉冲。输出脉冲宽度 T_W 可由 C_x、R_x 调节。图中 t_{pd} 是从输入到输出的传输延迟时间。脉冲宽度可按 $T_W \approx 0.69R_x C_x$ 计算。

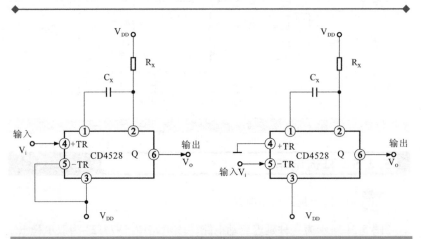

图 5-32　单脉冲展宽电路

a)上升沿触发　　　　　　　　　　b)下降沿触发

图 5-32　单脉冲展宽电路（续）

3. 长时间脉冲延迟电路

图 5-33 所示为一种长时间脉冲延迟电路。该电路采用三个晶体管能延长 D 触发器的延迟时间。在电容 C1 上的电压到达单结晶体管 VT1 的转移电平之前，VT1 仍处于截止状态。延迟时间由 R1、C1 的时间常数决定。当 C1 上的电压到达触发电平时 VT1 导通，VT2 截止，CD4013B①脚变为低电平，输出一个宽脉冲。

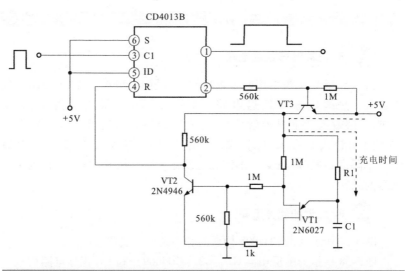

图 5-33　长时间脉冲延迟电路

4. 延时熄灯电路

图 5-34 所示为一种延时熄灯电路。该电路中，接通开关 S 瞬间，由于 CD4541 的 Q/QSEL 端接高电平，使 IC1⑧脚输出高电平，VT 晶体管

饱和导通，继电器 KS1 吸合，照明供电电路处于自保持状态。经延时 5min 后，CD4541⑧脚输出变为低电平，继电器 KS1 释放，照明灯断电熄灭。CD4541 的内部结构如图 5-35 所示。

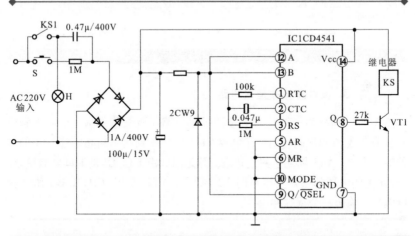

图 5-34　延时熄灯电路

 5. 脉冲信号延迟电路

如图 5-36 所示为采用两个单稳态触发器 CD4098（或 CD4528）加以级联，便构成脉冲延迟电路。A 的（−TR）和 R 端接 V_{DD}，从（+TR）端输入"上升沿触发/再触发"单稳态触发器，信号从 A 的 Q1 输出并进入 B 的（−TR）端，B 的（+TR）接 V_{SS}、R 接 V_{DD}，B 属于"下降沿触发/再触发"单稳态触发器。于是从 B 的 Q2 端得到了被延迟的脉冲。

 6. 延迟和展宽电路

图 5-37 所示为由 CD4098 构成的脉冲延迟和展宽电路。

图 5-38 所示为由反相器 G1、G2（CD4069）和 RC 积分电路构成的延迟和展宽电路。当非门 G1 输出高电平时，C 电容通过 R1、D 充电，C 上电压很快充至 G2 输入端的阈值电平。当 G1 输出低电平时，C 通过 R2 向 G1 的输出端低电平放电，由于 R2＝10R1，所以，C 放电时间大约是充电时的 10 倍，故 G2 输出脉冲被延迟同时被展宽。

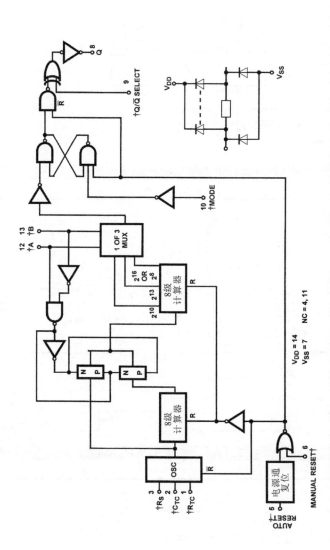

图 5-35　CD4541 的内部结构

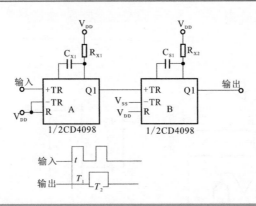

图 5-36 两个 CD4098 的级联

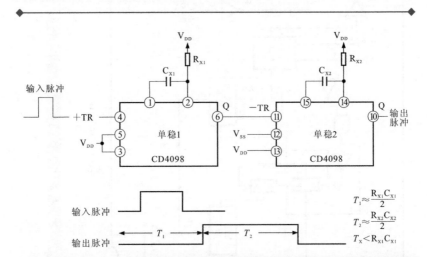

图 5-37 CD4098 脉冲延迟和展宽电路

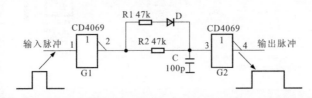

图 5-38 延迟和展宽电路

7. 简单的 TTL 延迟电路

图 5-39 所示为利用-5 非门电路与积分电路构成的时间延迟，该电路是对输入脉冲进行延迟的一种简单电路。

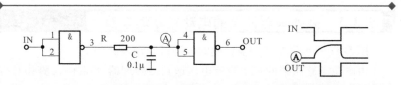

图 5-39　简单的脉冲延迟电路（一）

图 5-40 所示为另外一种利用-5 非门构成的延迟电路，可用于 TTL 电路，该电路是仅对输入脉冲下降沿进行延迟的电路，延迟时间大致为 $t_d \approx 0.8T + T_0$。该电路在前后两级中间接一个锗二极管，使电容 C 的放电时间常数明显小于充电时间常数。对应于输入脉冲下降沿，延迟时间取决于 C 与 R 的乘积，对应于输入脉冲上升沿，延迟时间很短，可以忽略不计。

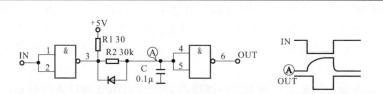

图 5-40　简单的脉冲延迟电路（二）

图 5-41 所示为一种简单的 TTL 延迟电路，该电路与上个电路的原理完全相同，只是对输入脉冲的上升沿产生延迟。

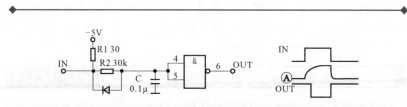

图 5-41　简单的脉冲延迟电路（三）

5.3　微处理器控制电路实例

5.3.1　微处理器控制的电动机驱动电路

图 5-42 所示为微处理器控制的电动机驱动电路。

由电源电路送来的+5V 直流电压送到微处理器 IC08 的㉒脚和㊷脚，为其提供基本的供电条件。

IC04 是复位信号产生电路，②脚为电源供电端，①脚为复位信号输出端，当电源+5V 加到②脚时，经 IC04 延迟后，由①脚输出复位电压，该电压经滤波（C20、C26）后加到 CPU 的复位端⑱脚。

微处理器 IC08 的⑲脚和⑳脚与陶瓷谐振器 XT01 相连，该陶瓷谐振器可产生 8MHz 的时钟晶振信号，作为微处理器 IC08 的工作条件之一。

微处理器 IC08 的①脚、③脚、④脚和⑤脚与存储器 IC06 的①脚、②脚、③脚和④脚相连，分别为片选信号（CS）、数据输入（SI）、数据输出（SO）和时钟信号（CLK）。工作时，微处理器将用户设定的工作模式、温度、制冷、制热等数据信息存入存储器中。信息的存入和取出是经过串行数据总线 SDA 和串行时钟总线 SCL 进行的。

在正常情况下，微处理器接收人工指令信号和温度、电流等检测信号。

在输入信号的控制下，微处理器对相应的电气部件进行控制。例如，当微处理器电路接收到启动信号后，微处理器 IC08 的⑥脚输出贯流风扇电动机的驱动信号，固态继电器 TLP3616 内发光二极管发光，TLP3616 中晶闸管受发光二极管的控制，当发光二极管发光时，晶闸管导通，有电流流过，交流输入电路的 L 端（相线）经晶闸管加到贯流风扇电动机的公共端，交流输入电路的 N 端（零线）加到贯流风扇电动机的运行绕组，再经起动电容 C 加到电动机的起动绕组上，此时贯流风扇电动机起动，带动贯流风扇运转。

5.3.2　微处理器控制的遥控电路

图 5-43 所示为微处理器控制的遥控电路。

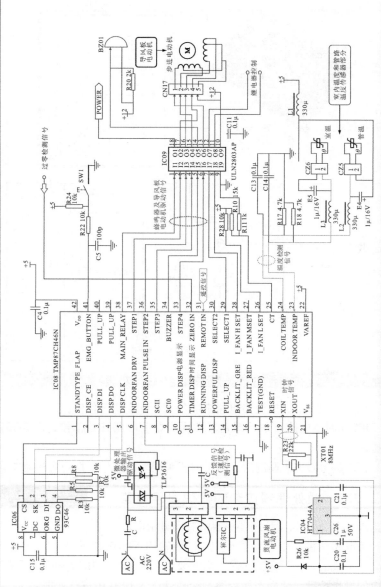

图 5-42 微处理器控制的电动机驱动电路

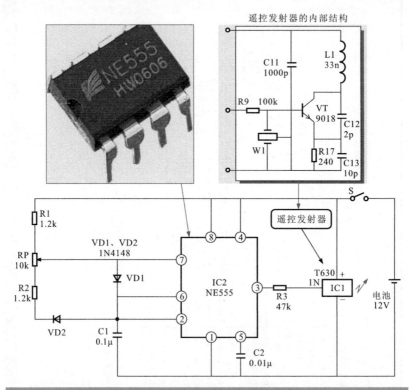

图 5-43　微处理器控制的遥控电路

　　按下开关 S 时，电池为电路中的各元器件提供工作电压。

　　IC2（时基电路）与外围元器件构成振荡电路开始工作，由③脚输出振荡信号。

　　振荡信号经 IC1 调制后，通过内置天线发出信号，控制玩具动作。

5.3.3　微处理器控制的数码显示电路

　　图 5-44 所示为微处理器控制的数码显示电路。

　　该电路是由三个驱动集成电路（M74HC595B1）、操作按键及多个数码管组成的。机顶盒工作时，当需要输入不同的工作指令时，可按下相应的操作按键，使操作指令通过接插件送入 CPU 中进行处理。

　　由 CPU 处理后输出的驱动信号经接插件送到 U3 ~ U5 的⑩脚、⑪脚和⑫脚。

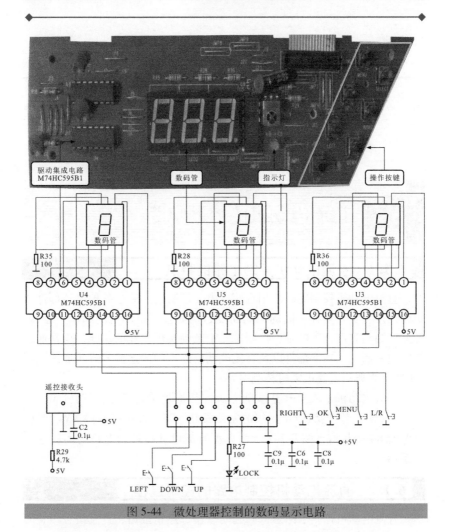

图 5-44　微处理器控制的数码显示电路

　　驱动信号经集成电路 U3～U5 转换成驱动数码显示器的信号，经接口电阻加到数码显示器的引脚上，驱动数码管显示。

第6章

直流电动机的电气控制

6.1 直流电动机的控制电路

6.1.1 直流电动机控制电路的特点

　　直流电动机控制电路采用直流供电,控制电路通过各种电器部件的组合连接可实现多种不同的控制功能,例如直流电动机的起动、运转、变速、制动和停机等的多种控制。无论是要实现怎样的功能,均是通过相关控制部件、功能部件以及直流电动机以不同的连接方式构成的。图6-1所示为典型直流电动机控制电路。

　　直流电动机主要由电源总开关 QS、熔断器 FU、直流电动机 M、起动按钮 SB1、停止按钮/不闭锁的常闭按钮 SB2、直流接触器 KM、时间继电器 KT 等构成。图6-2所示为典型直流电动机控制电路的实物连接关系示意图。

6.1.2 直流电动机控制电路的控制过程

　　直流电动机控制电路是依靠起动按钮、停止按钮、直流接触器、时间继电器等控制部件来对直流电动机进行控制的。

　　图6-3所示为典型直流电动机控制电路的结构。直流电动机控制电路主要是由供电电路、保护电路、控制电路及直流电动机等部分构成的。

　　控制电路主要由起动按钮 SB1、停止按钮 SB2 和直流接触器 KM1、KM2、KM3,时间继电器 KT1、KT2,起动电阻器 R1、R2 等构成,通过起停按钮控制直流接触器触点的闭合与断开,通过触点的闭合与断开来改变串接在电枢回路中起动电阻器的数量,用于控制直流电动机的转速，从而实现对直流电动机工作状态的控制。

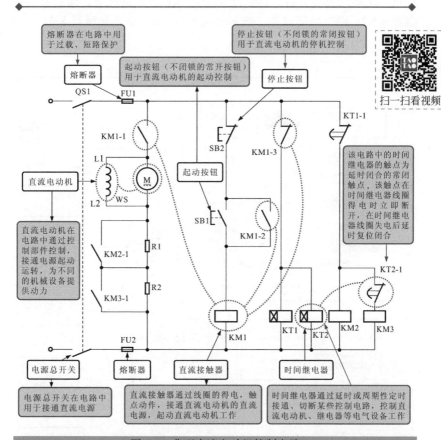

图 6-1　典型直流电动机控制电路

 1. 直流电动机的起动控制过程

根据直流电动机控制电路的起动控制过程，将直流电动机的起动控制过程划分成三个阶段。第一阶段是直流电动机的低速起动过程；第二阶段是直流电动机的速度提升过程；第三阶段是直流电动机的起动完成过程。

（1）直流电动机的低速起动过程　如图 6-4 所示，合上电源总开关 QS1，接通直流电源。时间继电器 KT1、KT2 线圈得电。由于时间继电器 KT1、KT2 的触点 KT1-1、KT2-1 均为延时闭合的常闭触点，因此在时间继电器线圈得电后，其触点 KT1-1、KT2-1 瞬间断开，防止直流接触器 KM2、KM3 线圈得电。按下起动按钮 SB1，直流接触器 KM1 线圈得电。

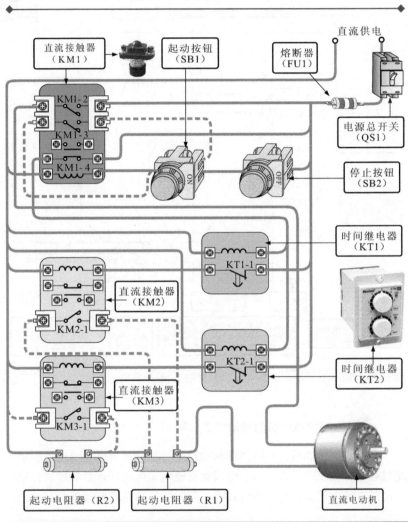

直流接触器（KM1）　起动按钮（SB1）　熔断器（FU1）　直流供电

电源总开关（QS1）

停止按钮（SB2）

时间继电器（KT1）

直流接触器（KM2）

时间继电器（KT2）

直流接触器（KM3）

起动电阻器（R2）　起动电阻器（R1）　直流电动机

图 6-2　典型直流电动机控制电路的实物连接关系示意图

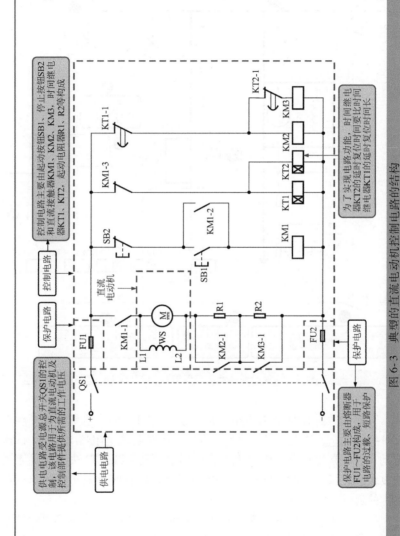

图 6-3　典型的直流电动机控制电路的结构

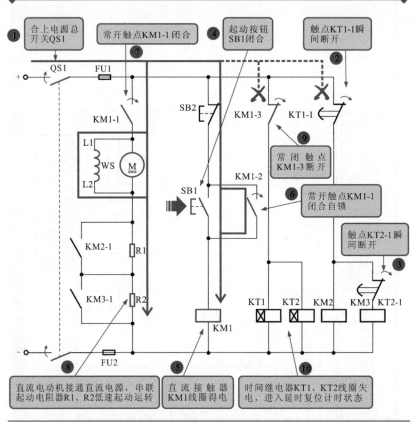

图 6-4　直流电动机的低速起动过程

直流接触器 KM1 线圈得电，常开触点 KM1-2 闭合自锁。常开触点 KM1-1 闭合，直流电动机接通直流电源，串联起动电阻器 R1、R2 低速起动运转。常闭触点 KM1-3 断开，时间继电器 KT1/KT2 失电，进入延时复位计时状态（时间继电器 KT2 的延时复位时间要长于时间继电器 KT1 的延时复位时间）。

（2）直流电动机的速度提升过程　如图 6-5 所示，当达到时间继电器 KT1 预先设定的复位时间时，常闭触点 KT1-1 复位闭合。直流接触器 KM2 线圈得电。常开触点 KM2-1 闭合，短接起动电阻器 R1。直流电动机串联起动电阻 R2 运转，转速提升。

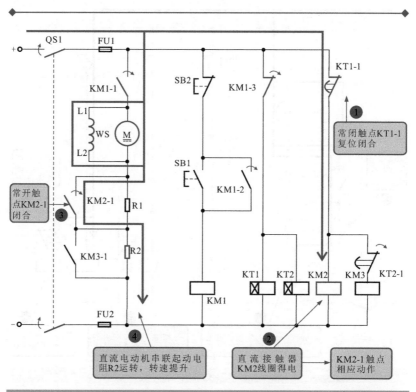

图 6-5　直流电动机的速度提升过程

（3）直流电动机的起动完成过程　如图 6-6 所示，当时间继电器 KT2 达到预先设定的复位时间时，常闭触点 KT2-1 复位闭合。直流接触器 KM3 线圈得电。常开触点 KM3-1 闭合，短接起动电阻器 R2。直流电动机工作在额定电压下，进入正常运转状态。

 2. 直流电动机的停机控制过程

当需要直流电动机停机时，按下停止按钮 SB2，直流接触器 KM1 线圈失电。常开触点 KM1-1 复位断开，切断直流电动机的供电电源，直流电动机停止运转。常开触点 KM1-2 复位断开，解除自锁功能。常闭触点 KM1-3 复位闭合，为直流电动机下一次起动做好准备。

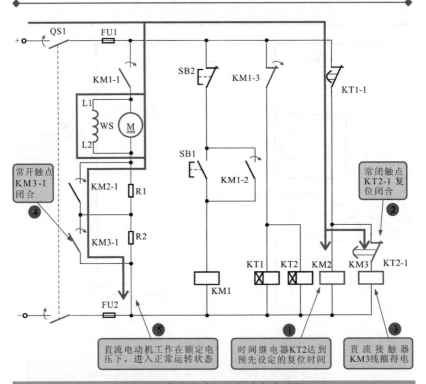

图 6-6　直流电动机的起动完成过程

6.2　直流电动机的控制方式

6.2.1　直流电动机的调速控制

直流电动机调速控制电路是一种可在负载不变的条件下，控制直流电动机稳速旋转和旋转速度的电路。图 6-7 所示为典型直流电动机调速控制电路。

相关资料

NE555 是一种计数器电路，主要用来产生脉冲信号信号，具有计数准确度高、稳定性好、价格便宜等优点，其应用比较广泛。

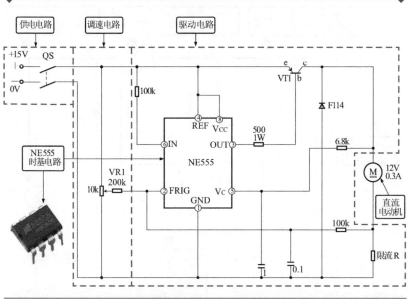

图 6-7 典型直流电动机调速控制电路

直流电动机调速控制电路主要由供电电路、调速电路、驱动电路以及直流电动机等组成。该电路中的 10kΩ 速度调整电阻器 VR1、NE555 时基电路、驱动晶体管 VT1 以及直流电动机为直流电动机调速控制的核心元器件。

扫一扫看视频

1. 直流电动机的起动过程

如图 6-8 所示，合上电源总开关 QS，接通+15V 直流电源。+15V 直流为 NE555 的⑧脚提供工作电源，NE555 开始工作。由 NE555 的③脚输出驱动脉冲信号，送往驱动晶体管 VT1 的基极。驱动晶体管 VT1 工作后，其集电极输出脉冲电压。+15V 直流电压经 VT1 变成脉冲电流为直流电动机供电，直流电动机开始起动运转。

2. 直流电动机的稳速控制过程

直流电动机的电流会在限流电阻 R 上产生电压降。该压降经 100kΩ 电阻器反馈到 NE555 的②脚。控制 NE555 的③脚输出脉宽的宽度，实现对直流电动机的稳速控制。

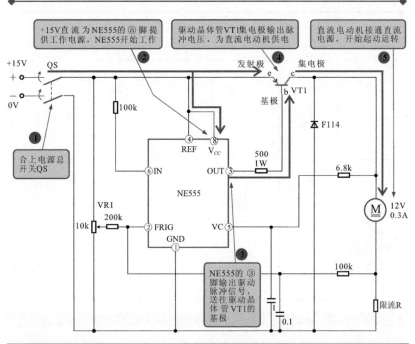

图 6-8　直流电动机的起动过程

3. 直流电动机的升降速控制过程

根据直流电动机转速控制电路的转速控制，将直流电动机的转速控制过程划分成两个阶段。第一阶段是直流电动机的低速控制过程；第二阶段是直流电动机的高速控制过程。

（1）直流电动机的降速控制过程　如图 6-9 所示，将速度调整电阻器 VR1 的阻值调至最大（10kΩ）。+15V 直流电压经过 VR1 和 200k 电阻器串联送入 NE555 的②脚。NE555 内部控制③脚输出的脉冲信号宽度最小，直流电动机转速降到最低。

（2）直流电动机的升速控制过程　将速度调整电阻器 VR1 的阻值调至最小（0Ω）。+15V 直流电压只经过 200k 电阻器串联送入 NE555 的②脚。NE555 内部控制③脚输出的脉冲信号宽度最大，直流电动机转速达到最高。需停机时，将电源总开关 QS 关闭即可。

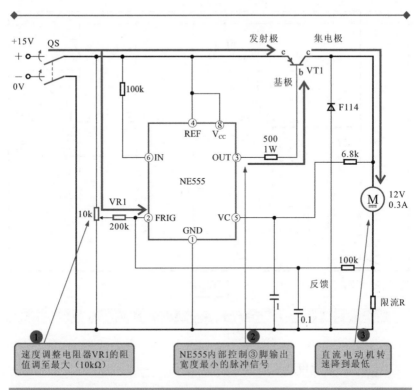

图 6-9　直流电动机的降速运转过程

6.2.2　直流电动机的减压起动控制

　　减压起动的直流电动机控制电路是指直流电动机在起动时，将起动电阻器 RP 串入直流电动机中，以限制起动电流，当直流电动机在低速旋转一段时间后，再把起动变阻器从电路中消除（使之短路），使直流电动机正常运转。图 6-10 所示为典型减压起动的直流电动机控制电路。使用变阻器起动的直流电动机控制电路主要由供电电路、保护电路、控制电路和直流电动机等构成。

　　该电路中的电源总开关 QS、可变电阻器 RP、起动按钮 SB1、停止按钮 SB2、时间继电器 KT1 和 KT2、直流接触器 KM1/KM2/KM3 等为该电路的核心部件。

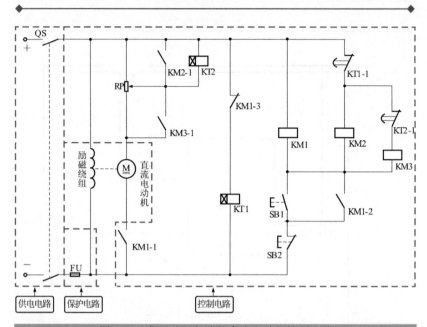

图6-10 典型减压起动的直流电动机控制电路

 1. 直流电动机的起动过程

根据直流电动机控制电路的起动控制过程，将直流电动机的起动控制过程划分成三个阶段。第一阶段是直流电动机低速起动的过程；第二阶段是直流电动机中速运转的过程；第三阶段是直流电动机高速运转的过程。

（1）直流电动机低速起动的过程 如图6-11所示，合上电源总开关QS，接通电源。时间继电器KT1的线圈得电，常闭触点KT1-1断开，防止直流接触器KM2线圈得电。

按下起动按钮SB1。直流接触器KM1线圈得电，常开触点KM1-2闭合，实现自锁功能。常开触点KM1-1闭合，直流电动机与起动电阻器RP串联，直流电动机开始低速运转。同时时间继电器KT2线圈得电，常闭触点KT2-1断开，防止直流接触器KM3线圈得电。常闭触点KM1-3断开，时间继电器KT1线圈失电，进入等待计时状态（预先设定的等待时间）。

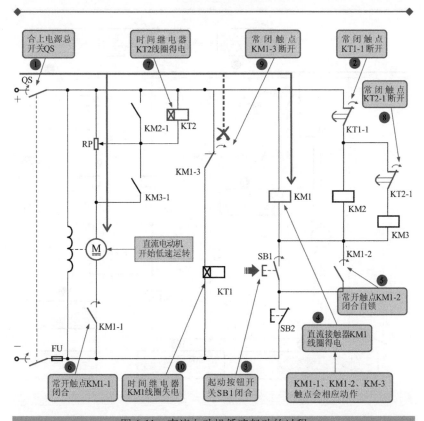

图 6-11 直流电动机低速起动的过程

（2）直流电动机中速运转的过程 如图 6-12 所示，时间继电器 KT1 进入计时状态后，当到达预先设定的时间时，常闭触点 KT1-1 复位闭合。直流接触器 KM2 线圈得电，常开触点 KM2-1 闭合。电压经 KM2-1 和可变电阻器 RP 的一部分送入直流电动机中，RP 阻值变小，直流电动机转速继续上升。常开触点 KM2-1 将时间继电器 KT2 回路短接，时间继电器 KT2 线圈失电，进入等待计时状态。

（3）直流电动机高速运转的过程 如图 6-13 所示，时间继电器 KT2 进入计时状态后，当到达预先设定的时间时，常闭触点 KT2-1 复位闭合。直流接触器 KM3 线圈得电，常开触点 KM3-1 闭合。电压经 KM2-1 和 KM3-1 将限流电阻 RP 短接，直接为直流电动机供电，使直流电动机工作在额定电压下，进入正常运转状态。

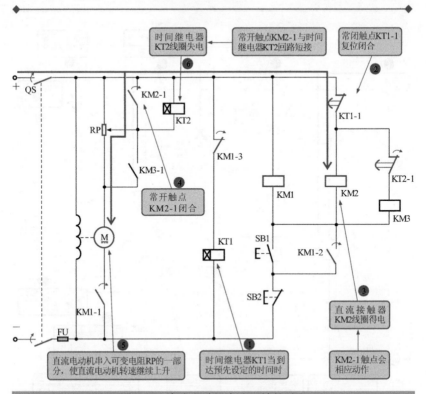

图 6-12 直流电动机中速运转的过程

 2. 直流电动机的停机过程

当需要直流电动机停机时，按下停止按钮 SB2。直流接触器 KM1、KM2 和 KM3 线圈失电，其触点全部复位。常开触点 KM1-1、KM2-1 和 KM3-1 复位断开，切断直流电动机的供电电源，停止运转。常开触点 KM1-2 复位断开，解除自锁。常闭触点 KM1-3 复位闭合，使时间继电器 KT1 线圈得电，为下一次的起动做好准备。

6.2.3 直流电动机的正反转连续控制

直流电动机正反转连续控制电路是指通过起动按钮控制直流电动机进行长时间正向运转和反向运转的控制电路。

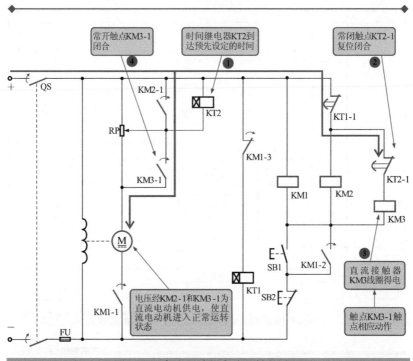

图 6-13　直流电动机高速运转的过程

　　具体来说，当按下电路中的正转起动按钮时，接通正转直流接触器线圈的供电电源，其常开触点闭合自锁，即使松开正转起动按钮，仍能保证正转直流接触器线圈的供电，直流电动机保持正向运转。

　　同理当按下电路中的反转起动按钮时，接通反转直流接触器线圈的供电电源，其常开触点闭合自锁，即使松开反转起动按钮，仍能保证反转直流接触器线圈的供电，直流电动机保持反向运转。图6-14所示为直流电动机正反转连续控制电路。

　　直流电动机正反转连续控制电路主要由供电电路、保护电路、控制电路和直流电动机等构成。该电路中的电源总开关 QS、熔断器 FU、正转起动按钮 SB1、反转起动按钮 SB2、停止按钮 SB3、正转直流接触器 KMF、反转直流接触器 KMR、起动电阻器 R1、直流电动机等为直流电动机正反转连续控制的核心部件。

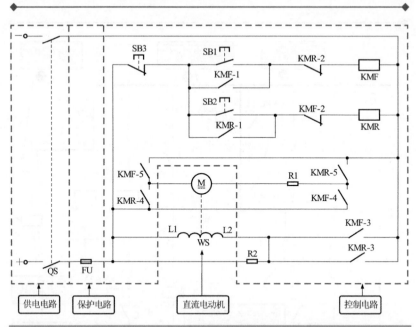

图 6-14　直流电动机正反转连续控制电路

相关资料

　　直流电动机是由电枢与励磁绕组两部分组成，如图 6-15 所示。直流电动机的电枢为转子部分，而励磁绕组相当于定子部分。只有当电枢与励磁绕组同时得电时，才能保证直流电动机运转。

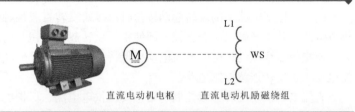

图 6-15　直流电动机结构

 1. 直流电动机正转起动过程

如图 6-16 所示，合上电源总开关 QS，接通直流电源。按下正转起

动按钮 SB1。正转直流接触器 KMF 线圈得电，其触点全部动作。正转直流接触器 KMF 线圈得电，常开触点 KMF-1 闭合实现自锁功能。常闭触点 KMF-2 断开，防止反转直流接触器 KMR 线圈得电。常开触点 KMF-3 闭合，直流电动机励磁绕组 WS 得电。常开触点 KMF-4、KMF-5 闭合，直流电动机串联起动电阻器 R1 正向起动运转。

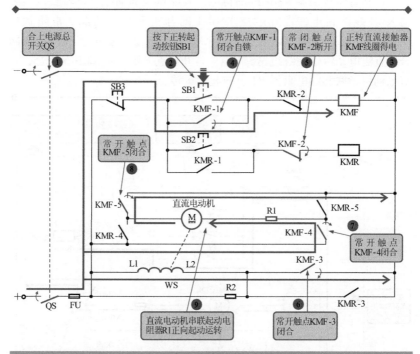

图6-16　直流电动机正转起动过程

 2. 直流电动机正转停机过程

当需要直流电动机正转停机时，按下停止按钮 SB3，正转直流接触器 KMF 线圈失电。常开触点 KMF-1 复位断开，解除自锁功能。常闭触点 KMF-2 复位闭合，为直流电动机反转起动做好准备。常开触点 KMF-3 复位断开，直流电动机励磁绕组 WS 失电。常开触点 KMF-4、KMF-5 复位断开，切断直流电动机供电电源，直流电动机停止正向运转。

3. 直流电动机反转过程

如图 6-17 所示，当需要直流电动机进行反转起动时，需先停止直流电动机的正向运转后，才可起动直流电动机进行反向运转。按下反转起动按钮 SB2。

反转直流接触器 KMR 线圈得电，其触点全部动作。反转直流接触器 KMR 线圈得电，常开触点 KMR-1 闭合实现自锁功能。常闭触点 KMR-2 断开，防止正转直流接触器 KMF 线圈得电。常开触点 KMR-3 闭合，直流电动机励磁绕组 WS 得电。常开触点 KMR-4、KMR-5 闭合，直流电动机串联起动电阻器 R1 反向起动运转。

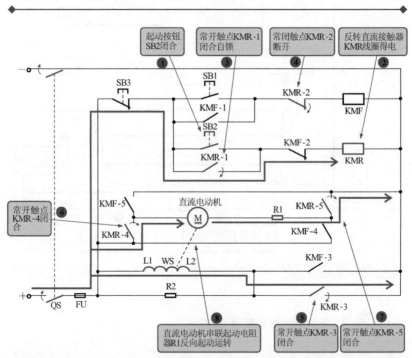

图 6-17　直流电动机反转起动过程

4. 直流电动机停机过程

当需要直流电动机反转停机时，按下停止按钮 SB3，反转直流接触器 KMR 线圈失电。常开触点 KMR-1 复位断开，解除自锁功能。常闭触点

KMR-2 复位闭合，为直流电动机正转起动做好准备。常开触点 KMR-3 复位断开，直流电动机励磁绕组 WS 失电。常开触点 KMR-4、KMR-5 复位断开，切断直流电动机供电电源，直流电动机停止反向运转。

6.2.4　直流电动机的能耗制动控制

　　直流电动机的能耗制动控制电路是指维持直流电动机的励磁不变，把正在接通电源，并具有较高转速的直流电动机电枢绕组从电源上断开，使直流电动机变为发电机，并与外加电阻器连接而成为闭合回路，利用此电路中产生的电流及制动转矩使直流电动机快速停车。在制动过程中，将拖动系统的动能转化为电能并以热能形式消耗在电枢电路的电阻器上，图 6-18 所示为直流电动机能耗制动控制电路的原理图。

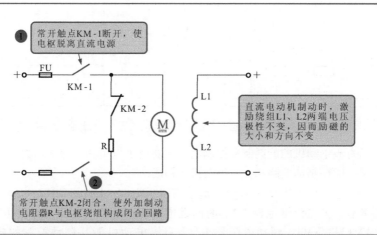

图 6-18　直流电动机能耗制动控制电路的原理图

　　由于直流电动机存在惯性，仍会按照直流电动机原来的方向继续旋转，所以电枢反电动势的方向也不变，并且成为电枢回路的电源，这就使得制动电流的方向同原来供电的方向相反，电磁转矩的方向也随之改变，成为制动转矩，从而促使直流电动机迅速减速以至停止。在能耗制动的过程中，还需要考虑制动电阻器 R 的大小，若制动电阻器 R 的值太大，则制动缓慢。R 的大小要使得最大制动电流不超过电枢额定电流的 2 倍。

　　图 6-19 所示为典型直流电动机能耗制动控制电路。

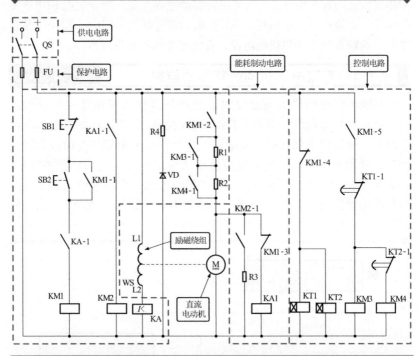

图 6-19　典型直流电动机能耗制动控制电路

　　直流电动机的能耗制动控制电路主要由供电电路、保护电路、控制电路、能耗制动电路和直流电动机等构成。

　　该电路中电源总开关 QS、起动按钮 SB2、停止按钮 SB1、中间继电器 KA1、欠电流继电器 KA、时间继电器 KT1/KT2、直流接触器 KM1/KM2/KM3/KM4、制动电阻器 R3 为直流电动机能耗制动控制的核心部件。

 1. 直流电动机的起动过程

　　根据直流电动机能耗控制电路的起动过程，将直流电动机的起动控制过程划分成三个阶段。第一个过程是直流电动机低速起动过程；第二个过程是直流电动机速度提升过程；第三个过程是直流电动机正常运转过程。

　　（1）直流电动机低速起动过程　如图 6-20 所示，合上电源总开关 QS，接通直流电源。励磁绕组 WS 和欠电流继电器 KA 线圈得电，常开触点 KA-1 闭合，为直流接触器 KM1 线圈得电做好准备。同时时间继电器 KT1、KT1 线圈得电，常闭触点 KT1-1、KT1-2 瞬间断开，防止 KM3、KM4 线圈得电。

　　按下起动按钮 SB2，直流接触器 KM1 线圈得电。常开触点 KM1-1 闭合，实现自锁功能。常开触点 KM1-2 闭合，直流电动机串联起动电阻器 R1、R2 低速起动运转。常闭触点 KM1-3 断开，防止中间继电器 KA1 线圈得电。常闭触点 KM1-4 断开，时间继电器 KT1、KT2 线圈均失电，进入延时复位闭合计时状态。常开触点 KM1-5 闭合，为直流接触器 KM3、KM4 线圈得电做好准备。

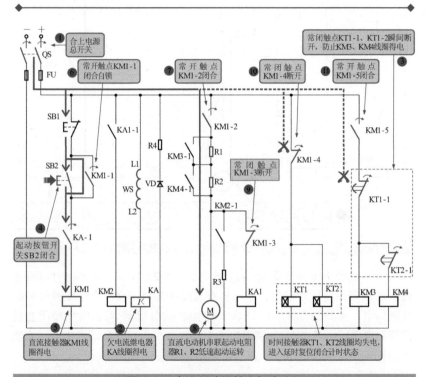

图 6-20　直流电动机低速起动过程

　　（2）直流电动机速度提升过程　时间继电器 KT1、KT2 线圈失电后，经一段时间延时（预先设定的延时复位时间，该电路中时间继电器 KT2 的延时复位时间要长于时间继电器 KT1 的延时复位时间），如图 6-21 所示，时间继电器的常闭触点 KT1-1 首先复位闭合，直流接触器

KM3 线圈得电。常开触点 KM3-1 闭合，短接起动电阻器 R1。直流电动机串联起动电阻器 R2 进行运转，速度提升。

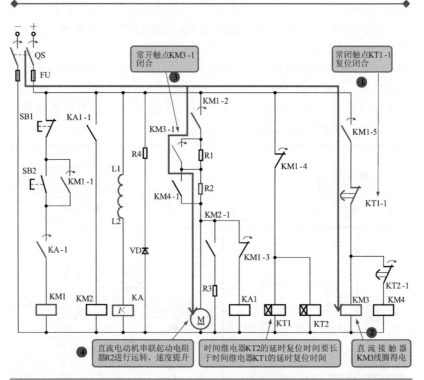

图 6-21　直流电动机速度提升过程

（3）直流电动机正常运转过程　如图 6-22 所示，当到达时间继电器 KT2 的延时复位时间时，常闭触点 KT2-1 复位闭合，直流接触器 KM4 线圈得电。常开触点 KM 4-1闭合，短接起动电阻器 R2。电压经闭合的常开触点 KM3-1 和 KM4-1 将 R1、R2 短路直接为直流电动机供电，直流电动机工作在额定电压下，进入正常运转状态。

　2. 直流电动机的能耗控制过程

根据直流电动机能耗控制电路的能耗控制过程，将直流电动机的能耗控制过程划分成两个阶段。第一阶段是直流电动机能耗制动过程；第二阶段是直流电动机能耗制动结束过程。

（1）直流电动机能耗制动过程　如图 6-23 所示，按下停止按钮

SB1，直流接触器 KM1 线圈失电。常开触点 KM1-1 复位断开，解除自锁功能。常开触点 KM1-2 复位断开，切断直流电动机供电电源，直流电动机做惯性运转。常闭触点 KM1-3 复位闭合，为中间继电器 KA1 线圈的得电做好准备。常闭触点 KM1-4 复位闭合，再次接通时间继电器 KT1、KT2 的供电。常开触点 KM1-5 复位断开，直流接触器 KM3、KM4 线圈失电。

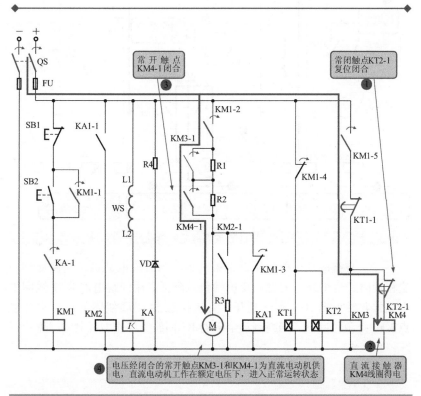

图 6-22　直流电动机正常运转过程

　　由于惯性运转的电枢切割磁力线，在电枢绕组中产生感应电动势，使并联在电枢两端的中间继电器 KA1 线圈得电。常开触点 KA1-1 闭合，直流接触器 KM2 线圈得电。常开触点 KM2-1 闭合，接通制动电阻器 R3 回路，这时电枢的感应电流方向与原来的方向相反，电枢产生制动转矩，使直流电动机迅速停止转动。

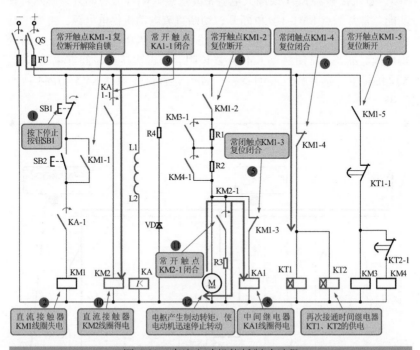

常开触点KM1-1复位断开解除自锁 ③

常开触点KA1-1闭合 ⑨

常开触点KM1-2复位断开 ④

常闭触点KM1-4复位闭合 ⑥

常开触点KM1-5复位断开 ⑦

按下停止按钮SB1

常闭触点KM1-3复位闭合 ⑤

常开触点KM2-1闭合 ⑪

直流接触器KM1线圈失电 ②

直流接触器KM2线圈得电 ⑩

电枢产生制动转矩,使电动机迅速停止转动 ⑫

中间继电器KA1线圈得电 ⑧

再次接通时间继电器KT1、KT2的供电

图6-23　直流电动机能耗制动过程

　　(2) 直流电动机能耗制动结束过程　当直流电动机转速降低到一定程度时,电枢绕组的感应反电动势也降低,中间继电器 KA1 线圈失电。常开触点 KA1-1 复位断开,直流接触器 KM2 线圈失电。常开触点 KM2-1 复位断开,切断制动电阻器 R3 回路,停止能耗制动,整个系统停止工作。

第7章

单相交流电动机的电气控制

7.1 单相交流电动机电路的控制电路

7.1.1 单相交流电动机控制电路的驱动方式

单相交流电动机的驱动方式主要有单相交流异步电动机的正反转驱动方式、可逆交流单相电动机的驱动方式、单相交流电动机的起/停控制方式、离心开关式单相交流电动机的驱动方式、单相交流电动机电容起动式驱动方式、双速电动机的驱动方式、交流电动机调速控制方式等。

 1. 交流异步电动机的基本驱动方式

图 7-1 所示为交流异步电动机的基本驱动方式，图 7-1a 所示为三相交流异步电动机的驱动方式，三相电源直接连接到电动机的三相绕组上。

图 7-1b 所示为单相交流异步电动机的连接方式，电动机的主线圈（绕组）直接与电源相连，辅助绕组通过起动电容器与电源的一端相连，另一端直接与电源相连。

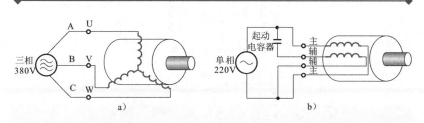

图 7-1 交流异步电动机的基本驱动方式

131

2. 单相交流异步电动机的正反转驱动方式

图 7-2 所示为单相交流异步电动机的正反转驱动电路，电路中辅助绕组通过起动电容器与电源供电端相连，主绕组通过正反向开关与电源供电线相连，开关可调换接头，来实现正反转控制。

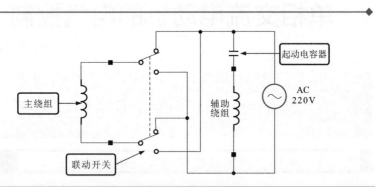

图 7-2　单相交流异步电动机的正反转驱动电路

3. 可逆交流单相电动机的驱动方式

图 7-3 所示为可逆交流单相电动机的驱动电路，这种电动机内设有两个绕组（主绕组和辅助绕组），单相交流电源加到两绕组的公共端，绕组另一端接一个起动电容器。正反向旋转切换开关接到电源与绕组之间，通过切换两个绕组实现转向控制，这种情况电动机的两个绕组参数相同，用互换主绕组的方式进行转向切换。

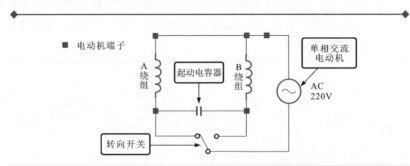

图 7-3　可逆交流单相电动机的驱动电路

4. 单相交流电动机的起/停控制方式

图7-4所示为单相交流电动机的起/停控制电路，该电路中采用一个双联开关，当停机时，将主绕组通过电阻与直流电源 E 相连，使绕组中产生制动力矩而停机。

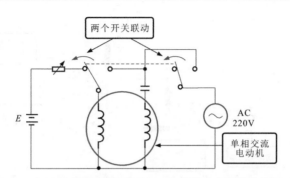

图 7-4   单相交流电动机的起/停控制电路

 5. 离心开关式单相交流电动机的驱动方式

单相异步电动机按照起动方式的不同，可分为电阻起动式单相异步电动机和电容起动式单相异步电动机两大类。为了能快速起动电阻起动式单相异步电动机，设有两组线圈，即主线圈和起动线圈，在起动线圈供电电路中设有离心开关。起动时，开关闭合 AC 220V 电压分别加到两组线圈中，由于两组线圈的相位成 90°，线圈的磁场对转子形成起动转矩使电动机起动，当起动后达到一定转速时，离心开关受离心力作用而断开，起动线圈停止工作，只由主线圈驱动转子旋转，如图7-5所示。

 6. 单相交流电动机电容起动式驱动方式

为了使电容起动式单相异步电动机形成旋转磁场，需要将起动绕组与电容器串联，通过电容移相的作用，在加电时，形成起动磁场，如图7-6所示。通常在机电设备中所用的电动机多采用电容起动方式。

 7. 双速电动机的驱动方式

滚筒洗衣机中的洗涤电动机经常采用双速电动机，全称为电容运转式双速电动机，该电动机的内部装有两套绕组，同在一个定子铁心上，两套绕组分别为 12 极低速绕组和 2 极高速绕组。在洗涤过程中，由低速绕组工作；在脱水过程中，由高速绕组工作。

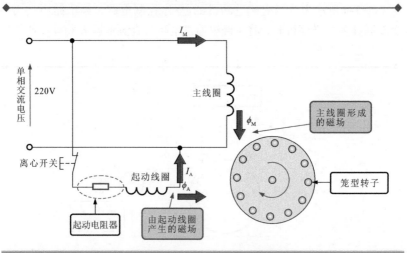

图 7-5　电阻起动式单相异步电动机电路图

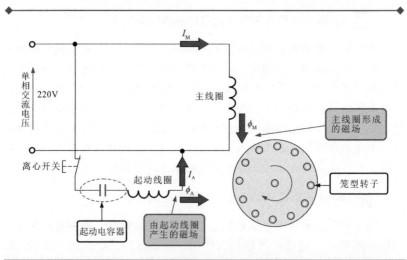

图 7-6　电容起动式单相异步电动机电路图

　　图 7-7 所示为电容运转式双速电动机的电路结构图，其中 12 极绕组为低速绕组，由主绕组、副绕组、公共绕组组成。2 极绕组为高速绕组，由主绕组和副绕组组成。

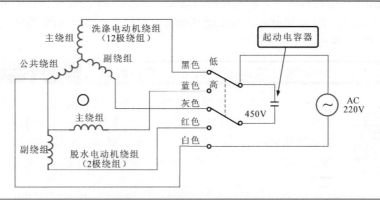

图 7-7　电容运转式双速电动机的电路结构图

 8. 交流电动机调速控制方式

图 7-8 所示为单相交流电动机调速控制电路，该电路主要是由双向二极管 VD1、双向晶闸管 VD2 等组成的。

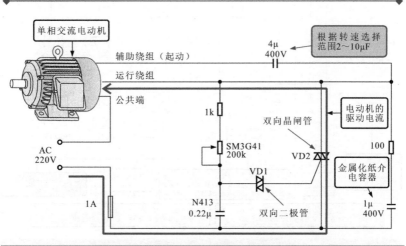

图 7-8　单相交流电动机调速控制电路

单相交流 220V 电压为供电电源，一端加到单相交流电动机绕组的公共端。运行端经双向晶闸管 VD2 接到交流 220V 的另一端，同时经 4μF 的起动电容器接到辅助绕组的端子上。

电动机的主通道中只有双向晶闸管 VD2 导通，电源才能加到两个绕组上，电动机才能旋转。双向晶闸管 VD2 受 VD1 的控制，在半个交流周期内 VD1 输出脉冲，VD2 受到触发便可导通，改变 VD1 的触发角（相位）即可对速度进行控制。

7.1.2　单相交流电动机控制电路的特点

扫一扫看视频

单相交流电动机控制电路是采用单相交流供电，控制电路通过各种电气部件的组合连接可实现多种不同的控制功能，例如单相交流电动机的起动、变速、制动、正转、反转、双速、点动等多种控制。图 7-9 所示为典型单相交流电动机控制电路。

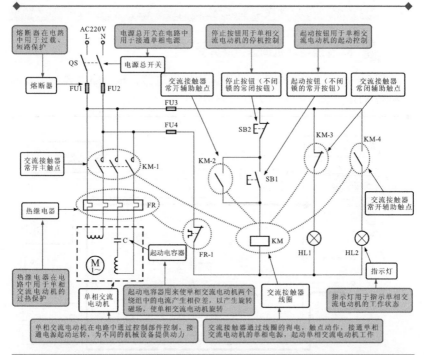

图 7-9　典型单相交流电动机控制电路

由图可知，单相交流电动机主要由电源总开关 QS、熔断器 FU、过热保护继电器 FR、交流接触器 KM、起动按钮（不闭锁的常开按钮）SB1、停止按钮（不闭锁的常闭按钮）SB2、指示灯 HL、起动电容器 C、单相交流电动机 M 等构成。

　　为了便于理解，可以将上面的典型单相交流电动机控制电路以实物连接的形式体现。图 7-10 所示为典型单相交流电动机控制电路的实物连接关系示意图。

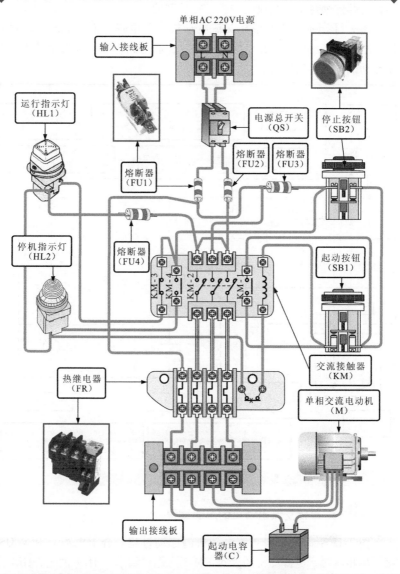

图 7-10　典型单相交流电动机控制电路的实物连接关系示意图

7.1.3 单相交流电动机控制电路的控制过程

单相交流电动机控制电路是依靠起动按钮、停止按钮、交流接触器等控制部件来对单相交流电动机进行控制的。

图 7-11 所示为典型单相交流电动机控制电路。单相交流电动机控制电路主要是由供电电路、保护电路、控制电路、指示灯电路及单相交流电动机等部分构成的。

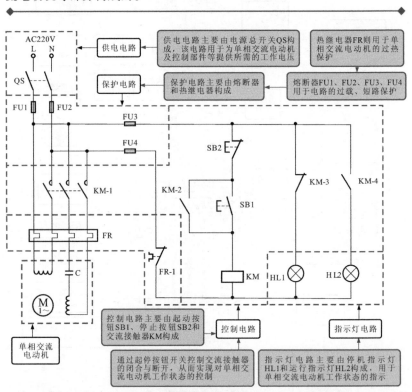

图 7-11 典型单相交流电动机控制电路

 1. 单相交流电动机的起动过程

图 7-12 所示为单相交流电动机的起动过程。合上电源总开关 QS，接通单相电源。电源经常闭触点 KM-3 为停机指示灯 HL1 供电，HL1 点亮。按下起动按钮 SB1，交流接触器 KM 线圈得电。

　　交流接触器 KM 线圈得电，其常开辅助触点 KM-2 闭合，实现自锁功能。常开主触点 KM-1 闭合，电动机接通单相电源，开始起动运转。常闭辅助触点 KM-3 断开，切断停机指示灯 HL1 的供电电源，HL1 熄灭。常开辅助触点 KM-4 闭合，运行指示灯 HL2 点亮，指示电动机处于工作状态。

 2. 单相交流电动机的停机过程

　　当需要电动机停机时，按下停止按钮 SB2。交流接触器 KM 线圈失电，其常开辅助触点 KM-2 复位断开，解除自锁功能。常开主触点 KM-1 复位断开，切断电动机的供电电源，电动机停止运转。常闭辅助触点 KM-3 复位闭合，停机指示灯 HL1 点亮，指示电动机处于停机状态。常开辅助触点 KM-4 复位断开，切断运行指示灯 HL2 的电源供电，HL2 熄灭。

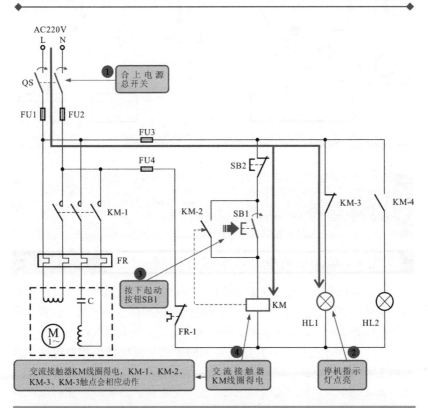

图 7-12　单相交流电动机的起动过程

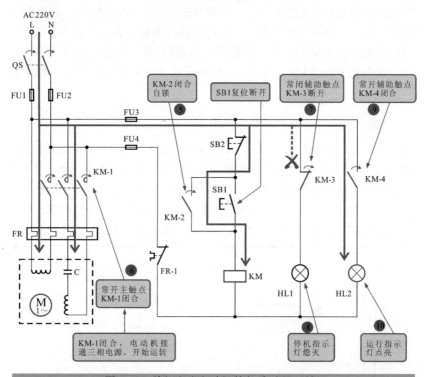

图 7-12 单相交流电动机的起动过程（续）

7.2 单相交流电动机的控制方式

7.2.1 单相交流电动机的限位控制

　　带有限位开关的单相交流电动机控制电路是指通过限位开关对电动机的运转状态进行控制。当电动机带动的机械部件运动到某一位置，触碰到限位开关时，限位开关便会断开供电电路，使电动机停止。

　　图 7-13 所示为典型带有限位开关的单相交流电动机控制电路。该电路主要由供电电路、保护电路、控制电路和单相交流电动机等构成。

　　该电路中的正转起动按钮 SB1、正转交流接触器 KMF、正转限位开关 SQ1 是电动机正转控制的核心部件；反转起动按钮 SB2、反转交流接触器 KMR、反转限位开关 SQ2 是电动机反转控制的核心部件。

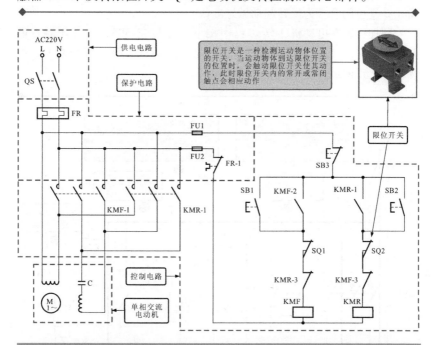

图 7-13　典型带有限位开关的单相交流电动机控制电路

 1. 电动机正转起动过程

当需要电动机正转起动时，如图 7-14 所示，合上电源总开关 QS，接通单相电源。按下正转起动按钮 SB1，正转交流接触器 KMF 线圈得电。

正转交流接触器 KMF 线圈得电，常开辅助触点 KMF-2 闭合，实现自锁功能。常开主触点 KMF-1 闭合，电动机主线圈接通电源相序 L、N，电流经起动电容器 C 和辅助线圈形成回路，电动机正向起动运转。常闭辅助触点 KMF-3 断开，防止反转交流接触器 KMR 线圈得电。

 2. 电动机正转停机过程

当电动机驱动的对象到达正转限位开关 SQ1 限定的位置时，触动正转限位开关 SQ1，其常闭触点断开，正转交流接触器 KMF 线圈失电。常开辅助触点 KMF-2 复位断开，解除自锁功能。常开主触点 KMF-1 复位断开，切断电动机供电电源，电动机停止正向运转。常闭辅助触点 KMF-3 复位闭合，为反转起动做好准备。

同样，若在电动机正转过程中按下停止按钮 SB3，其常闭触点断开，正转交流接触器 KMF 线圈失电，常开主触点 KMF-1 复位断开，电动机停止正向运转。

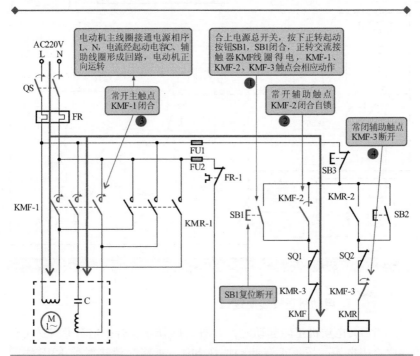

图 7-14　电动机正转起动过程

 3. 电动机反转起动过程

当需要电动机反转起动时，如图 7-15 所示，按下反转起动按钮 SB2，反转交流接触器 KMR 线圈得电。

反转交流接触器 KMR 线圈得电，常开辅助触点 KMR-2 闭合，实现自锁功能。常开主触点 KMR-1 闭合，电动机主线圈接通电源相序 L、N，电流经辅助线圈和起动电容器 C 形成回路，电动机反向起动运转。常闭辅助触点 KMR-3 断开，防止正转交流接触器 KMF 线圈得电。

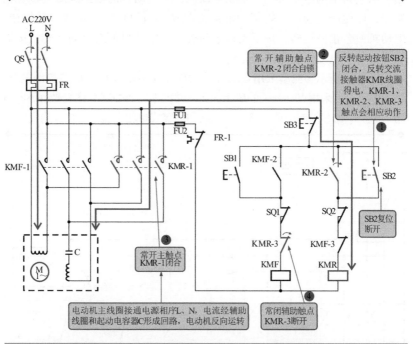

图 7-15　电动机反转起动过程

 4. 电动机反转停机过程

　　当电动机驱动的对象到达反转限位开关 SQ2 限定的位置时，触动反转限位开关 SQ2，常闭触点断开，反转交流接触器 KMR 线圈失电。常开辅助触点 KMR-2 复位断开，解除自锁功能。常开主触点 KMR-1 复位断开，切断电动机供电电源，电动机停止反向运转。常闭辅助触点 KMR-3 复位闭合，为正转起动做好准备。

　　同样，若在电动机反转过程中按下停止按钮 SB3，则其常闭触点断开，反转交流接触器 KMR 线圈失电，常开主触点 KMR-1 复位断开，电动机停止反向运转。

7.2.2　单相交流电动机的电动控制

　　采用点动开关的单相交流电动机正反转控制电路是指通过改变辅助线圈相对于主线圈的相位，来对电动机的正反转工作状态进行控制的电路。该电路中的电动机属于单相电动机，在电动机的辅助线圈上接有电容器，以便产生起动力矩帮助电动机起动。当用户按下正转起动按钮，电动机便会正向运转；按下反转起动按钮，电动机便会反向运转；按下停止按钮，电动机便会停止运转。

图 7-16 所示为典型采用点动开关的单相交流电动机正反转控制电路。由图中可知，采用点动开关的单相交流电动机正反转控制电路主要由供电电路、保护电路、控制电路、指示灯电路和电容式单相交流电动机等构成。

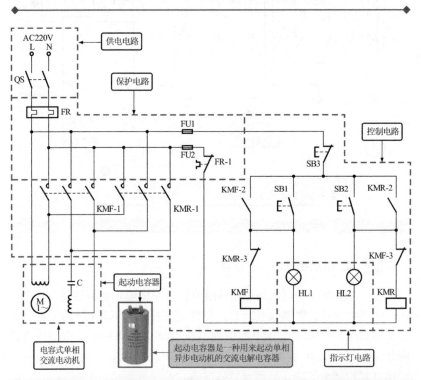

图 7-16　典型采用点动开关的单相交流电动机正反转控制电路

该电路中的正转起动按钮 SB1、正转交流接触器 KMF、正转指示灯 HL1 是电容式电动机正转控制的核心部件；反转起动按钮 SB2、反转交流接触器 KMR、反转指示灯 HL2 是电容式电动机反转控制的核心部件。

 1. 电动机正转起动过程

当需要电动机正转起动时，如图 7-17 所示，合上电源总开关 QS，接通单相电源。按下正转起动按钮 SB1，正转指示灯 HL1 点亮，指示电动机处于正向运转状态，正转交流接触器 KMF 线圈得电。

正转交流接触器 KMF 线圈得电，常开辅助触点 KMF-2 闭合，实现自锁功能。常开主触点 KMF-1 闭合，电动机主线圈接通电源相序 L、N，电流经启动电容器 C 和辅助线圈形成回路，电动机正向起动运转。常闭辅助触点 KMF-3 断开，防止反转交流接触器 KMR 线圈得电。

2. 电动机正转停机过程

当需要电动机停机时，按下停止按钮 SB3，正转指示灯 HL1 失电，HL1 熄灭。正转交流接触器 KMF 线圈失电，常开辅助触点 KMF-2 复位断开，解除自锁功能。常开主触点 KMF-1 复位断开，切断电动机供电电源，电动机停止正向运转。常闭辅助触点 KMF-3 复位闭合，为反转起动做好准备。

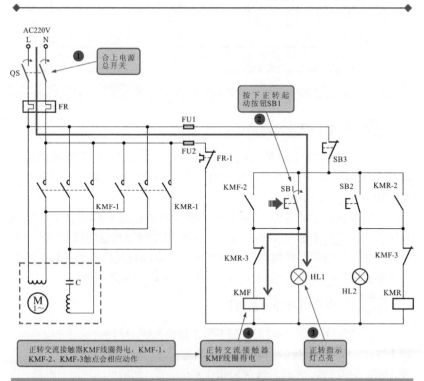

图 7-17　电动机正转起动过程

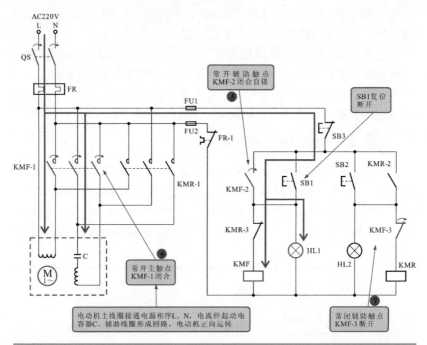

图 7-17 电动机正转起动过程（续）

3. 电动机反转起动过程

当需要电动机反转起动时，如图 7-18 所示，按下反转起动按钮 SB2，反转指示灯 HL2 点亮，指示电动机处于反向运转状态，反转交流接触器 KMR 线圈得电。

反转交流接触器 KMR 线圈得电，常开辅助触点 KMR-2 闭合，实现自锁功能。常开主触点 KMR-1 闭合，电动机主线圈接通电源相序 L、N，电流经辅助线圈和起动电容器 C 形成回路，电动机反向起动运转。常闭辅助触点 KMR-3 断开，防止正转交流接触器 KMF 线圈得电。

4. 电动机反转停机过程

当需要电动机反转停机时，按下停止按钮 SB3。反转指示灯 HL2 失电，HL2 熄灭。反转交流接触器 KMR 线圈失电。常开辅助触点 KMR-2 复位断开，解除自锁功能。常开主触点 KMR-1 复位断开，切断电动机供电电源，电动机停止反向运转。常闭辅助触点 KMR-3 复位闭合，为正转起动做好准备。

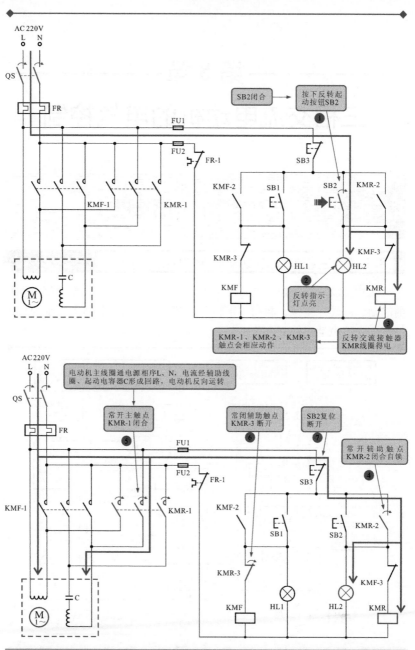

图 7-18　电动机反转起动过程

第8章
三相交流电动机的电气控制

8.1 三相交流电动机的控制电路

8.1.1 三相交流电动机控制电路的特点

三相交流电动机控制电路可以实现的功能较多，如三相交流电动机的起动、运转、变速、制动、正转、反转和停机等。图8-1所示为典型的三相交流电动机控制电路。

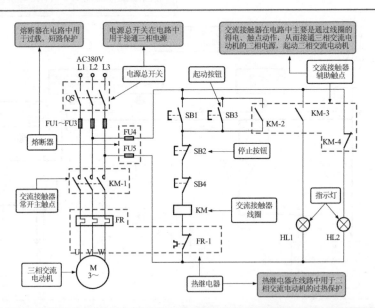

图 8-1 典型的三相交流电动机控制电路

　　由图可知，三相交流电动机控制电路是由电源总开关、熔断器、过热保护继电器、交流接触器、按钮（起动/停止）、指示灯以及三相交流电动机等构成的，这些元器件通过连接导线进行连接，构成了三相交流电动机控制电路，如图8-2所示。

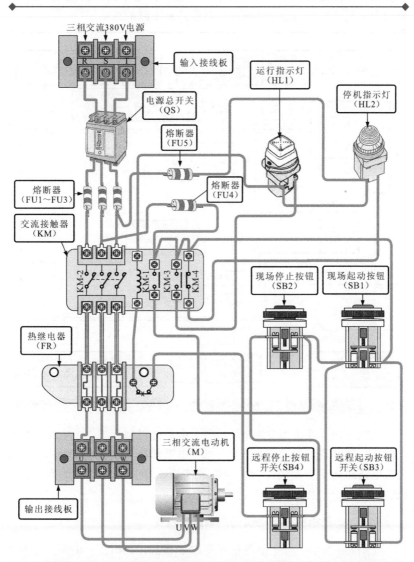

图8-2　典型三相交流电动机控制电路的主要部件及实物连接关系

8.1.2 三相交流电动机控制电路的控制过程

三相交流电动机的控制过程需要有控制部件，即依靠起动按钮、停止按钮、交流接触器等控制部件来对三相交流电动机进行控制，图8-3所示为典型三相交流电动机现场、远程控制电路的结构。

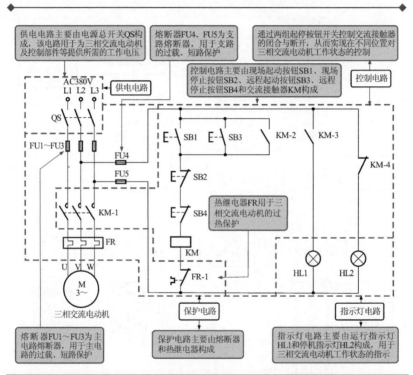

图 8-3 典型三相交流电动机现场、远程控制电路的结构

由图可知，该三相交流电动机整个电路可以划分为供电电路、保护电路、控制电路、指示灯电路等，每个电路都有着非常重要的作用，通过各电路间相互协调的配合，最终可实现三相交流电动机的起动、停机、远程起动以及远程停机控制。

 1. 三相交流电动机的现场起动过程

如图8-4所示，合上电源总开关 QS，接通三相电源，电源经交流接触器的常闭辅助触点 KM-4 为停机指示灯 HL2 供电，HL2 点亮，表明三相交流电动机处理停机状态。

　　起动三相交流电动机时，按下现场起动按钮 SB1，交流接触器 KM 线圈得电，交流接触器 KM 的常开辅助触点 KM-2 闭合，实现自锁功能，常开主触点 KM-1 闭合，三相交流电动机接通三相电源，开始起动运转。

　　常开辅助触点 KM-3 闭合，运行指示灯 HL1 点亮，指示三相交流电动机处于工作状态。常闭辅助触点 KM-4 断开，切断停机指示灯 HL2 的供电电源，HL2 熄灭。

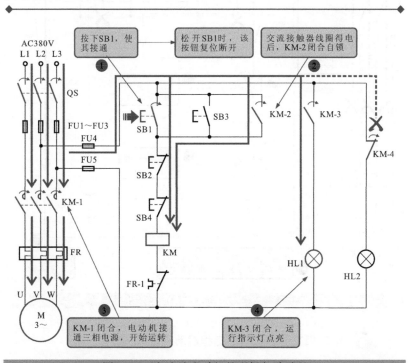

图 8-4　三相交流电动机的现场起动过程

2. 三相交流电动机的现场停机过程

　　当需要三相交流电动机停机时，按下现场停止按钮 SB2，如图 8-5 所示，此时，交流接触器 KM 线圈失电，其常开辅助触点 KM-2 复位断开，解除自锁功能。

　　常开主触点 KM-1 复位断开，切断三相交流电动机的供电电源，三相交流电动机停止运转。常开辅助触点 KM-3 复位断开，切断运行指示灯 HL1 的供电电源，HL1 熄灭。

常闭辅助触点 KM-4 复位闭合，停机指示灯 HL2 点亮，指示三相交流电动机处于停机状态。

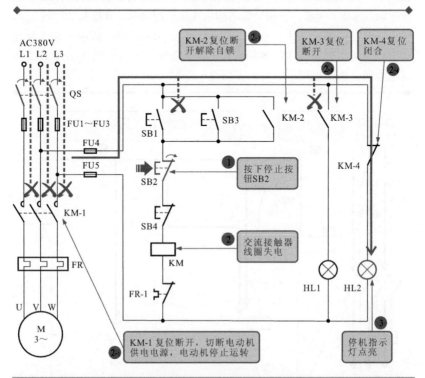

图 8-5　三相交流电动机的现场停机过程

3. 三相交流电动机的远程起动过程

该三相交流电动机控制电路还可以实现远程起动操作，即在远地设置一个起动按钮 SB3，使之与现场起动按钮 SB1 并联。

当按下远程起动按钮 SB3 时，其动作与现场起动的动作相同，即交流接触器 KM 线圈得电，其常开辅助触点 KM-2 闭合，实现自锁功能，此时常开主触点 KM-1 闭合，三相交流电动机接通三相电源，开始起动运转。

常开辅助触点 KM-3 闭合，运行指示灯 HL1 点亮，指示三相交流电动机处于工作状态。

常闭辅助触点 KM-4 断开，切断停机指示灯 HL2 的供电电源，HL2

熄灭。

4. 三相交流电动机的远程停机过程

当需要对三相交流电动机进行远程停机操作时，需要设置一个远程停止开关 SB4，并使之与现场停机开关 SB2 串联，需要按下远程停止按钮 SB4，此时交流接触器 KM 线圈失电，其常开辅助触点 KM-2 复位断开，解除自锁功能。

常开主触点 KM-1 复位断开，切断三相交流电动机的供电电源，三相交流电动机停止运转。常开辅助触点 KM-3 复位断开，切断运行指示灯 HL1 的供电电源，HL1 熄灭。

常闭辅助触点 KM-4 复位闭合，停机指示灯 HL2 点亮，指示三相交流电动机处于停机状态。

8.2　三相交流电动机的控制方式

8.2.1　三相交流电动机的定时起停控制

三相交流电动机的定时起动、定时停机控制电路是指在规定的时间内自行起动、自行停止的控制电路，若要实现该功能，则需要用到时间继电器进行控制。

图 8-6 所示为典型三相交流电动机定时起停控制电路。当按下电路中的起动按钮后，三相交流电动机会延迟一段时间起动运转。三相交流电动机运转一段时间后会自动停机。

相关资料

时间继电器本身是一种延时或周期性定时闭合、切断控制电路的继电器，当线圈得电，并经一段时间延时后（预先设定时间），其常开、常闭触点才会动作。

三相交流电动机的定时起动、定时停机控制电路主要由供电电路、保护电路、控制电路、指示灯电路和三相交流电动机等构成。该电路中的总断路器 QF、起动按钮 SB、中间继电器 KA、时间继电器 KT1/KT2、交流接触器 KM 为三相交流电动机定时起动、定时停机控制的核心部件。

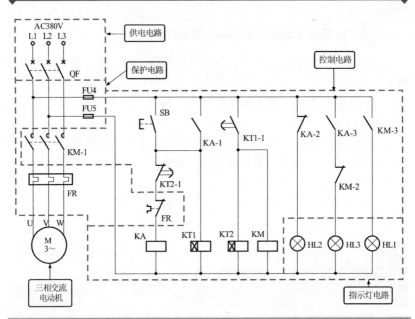

图 8-6　典型三相交流电动机的定时起、定时停机控制电路

相关资料

在控制电路中，按下起动按钮后进入起动状态的时间（即定时起动时间）和三相交流电动机运转工作的时间（即定时停机时间）都是由时间继电器控制的，具体的定时起动和定时停机时间可预先对时间继电器进行延时设定，这样就可以达到定时起动和定时停机的目的。

 1. 三相交流电动机的等待起动过程

控制三相交流电动机起动时，需要有一个等待的过程，即时间继电器设定的时间，如图 8-7 所示，合上总断路器 QF，接通三相电源。

电源经中间继电器 KA 的常闭触点 KA-2 为停机指示灯 HL2 供电，HL2 点亮。

当按下起动按钮 SB 后，中间继电器 KA 线圈和时间继电器 KT1 线圈同时得电，相关触点动作。

中间继电器 KA 线圈得电，常开触点 KA-1 闭合，实现自锁功能。

常闭触点 KA-2 断开，切断停机指示灯 HL2 的供电，HL2 熄灭。

常开触点 KA-3 闭合，等待指示灯 HL3 点亮，指示三相交流电动机处于等待起动状态。

时间继电器 KT1 线圈得电，进入等待计时状态（预先设定的等待时间）。

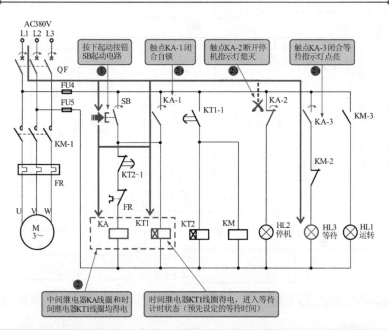

图 8-7　三相交流电动机的等待起动过程

 2. 三相交流电动机的起动过程

时间继电器 KT1 进入等待计时状态后，当到达预先设定的等待时间时，时间继电器的各触点开始动作，如图 8-8 所示。

常开触点 KT1-1 闭合，交流接触器 KM 线圈和时间继电器 KT2 线圈同时得电。

交流接触器 KM 线圈得电后，常开主触点 KM-1 闭合，三相交流电动机接通三相电源，起动运转。

常闭辅助触点 KM-2 断开，切断等待指示灯 HL3 供电，HL3 熄灭。

常开辅助触点 KM-3 闭合，运行指示灯 HL1 点亮，指示三相交流电动机处于运转状态。

时间继电器 KT2 线圈得电，进入运转计时状态（预先设定的运转时间）。

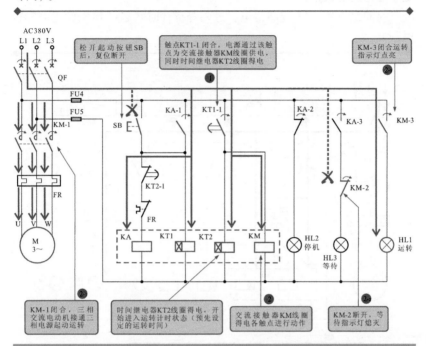

图 8-8　三相交流电动机的起动过程

3. 三相交流电动机的定时停机过程

如图 8-9 所示，时间继电器 KT2 进入运转计时状态后，当到达预先设定的运转时间时，常闭触点 KT2-1 断开，从而使中间继电器 KA 线圈失电，相关触点复位。

常开触点 KA-1 复位断开，解除自锁功能，同时时间继电器 KT1 线圈失电，时间继电器 KT1 线圈和交流接触器 KM 线圈失电后，直接控制三相交流电动机停止运行。

常闭触点 KA-2 复位闭合，停机指示灯 HL2 点亮，指示三相交流电动机处于停机状态。

常开触点 KA-3 复位断开，切断等待指示灯 HL3 供电电源，等待指示灯 HL3 熄灭。

扫一扫看视频

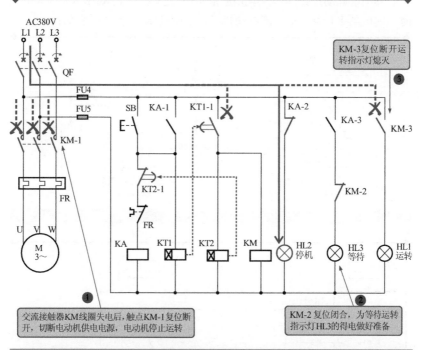

图 8-9　三相交流电动机的定时停机过程

通过图 8-9 可知，时间继电器 KT2 线圈失电，常闭触点 KT2-1 复位闭合，为三相交流电动机的下一次定时起动、定时停机做好准备。

8.2.2　三相交流电动机的丫-△减压起动控制

三相交流电动机丫-△减压起动控制电路是指三相交流电动机起动时，由电路控制三相交流电动机定子绕组先连接成丫联结，进入减压起动状态，待转速达到一定值后，再由电路控制将三相交流电动机的定子绕组换接成△，此后三相交流电动机进入全压正常运行状态。

当三相交流电动机采用丫联结时，三相交流电动机每相承受的电压均为 220V，当三相交流电动机采用△联结时，三相交流电动机每相绕组承受的电压为 380V，如图 8-10 所示。

图 8-11 所示为典型三相交流电动机的丫-△减压起动控制电路，由图可知，该控制电路主要是由供电电路、保护电路、控制电路以及三相交流电动机构成的。

其中，起动按钮 SB2、停止按钮 SB1、交流接触器 KM1/KMY/KM△、时间继电器 KT 为三相交流电动机Y-△减压起动控制的核心部件。

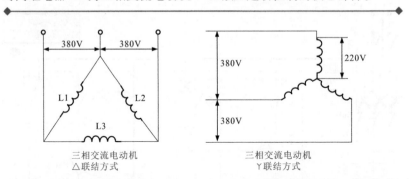

图 8-10 三相交流电动机的联结形式

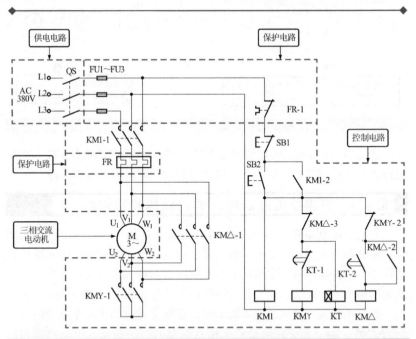

图 8-11 典型三相交流电动机的Y-△减压起动控制电路

 1. 三相交流电动机的减压起动过程

使用三相交流电动机的Y-△减压起动控制电路进行减压起动时，

首先要合上电源总开关 QS，接通三相电源，按下起动按钮 SB2，此时交流接触器 KM1 线圈和 KMY 线圈得电后，相应的触点进行动作；同时时间继电器 KT 线圈得电（按预先设定的减压起动运转时间），进入减压起动计时状态。如图 8-12 所示，当交流接触器 KM1 线圈得电后，常开辅助触点 KM1-2 闭合自锁。常开主触点 KM1-1 闭合，为三相交流电动机的起动做好准备。交流接触器 KMY 线圈得电，常开主触点 KMY-1 闭合，三相交流电动机以 Y 联结方式接通电源，减压起动运转。常闭辅助触点 KMY-2 断开，防止交流接触器 KM△ 线圈得电，起到联锁保护作用。

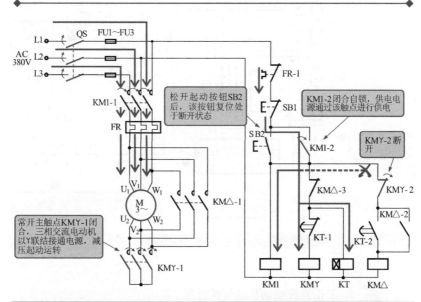

图 8-12　三相交流电动机的减压起动（Y联结方式）控制过程

 2. 三相交流电动机的全压起动过程

通过以上的学习可知，在该控制电路中安装有时间继电器，主要是控制在一定的时间内，三相交流电动机可自行进入到△联结运转。

如图 8-13 所示，时间继电器 KT 进入减压起动计时状态后，当达到预先设定的减压起动运转时间时，常闭触点 KT-1 断开，常开触点 KT-2 闭合。

交流接触器 KMY 线圈失电，触点全部复位，KMY-2 复位闭合。KM△ 线圈得电，触点相应动作。

常开主触点 KMY-1 复位断开，常开主触点 KM△-1 闭合，三相交流电动机由 Y 联结转为 △ 联结运转。

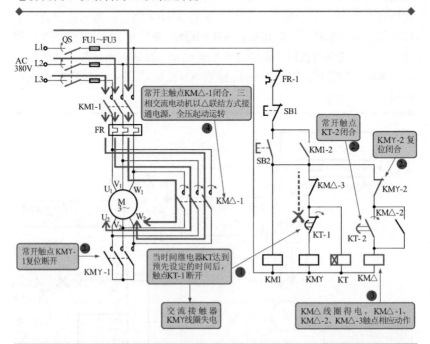

图 8-13　三相交流电动机的全压起动（△联结方式）控制过程

3. 三相交流电动机的停机过程

当需要对三相交流电动机 Y-△ 减压起动控制电路进行停机操作时，需要按下停止按钮 SB1，如图 8-14 所示，此时交流接触器 KM1 线圈失电，交流接触器的相关触点动作。

常开辅助触点 KM1-2 复位断开，解除自锁功能。

常开主触点 KM1-1 复位断开，切断三相交流电动机的供电电源，三相交流电动机停止运转。

同时交流接触器 KM△ 线圈失电。

常开辅助触点 KM△-2 复位断开，解除自锁功能。

常开主触点 KM△-1 复位断开，解除三相交流电动机定子绕组的 △ 联结方式。

常闭辅助触点 KM△-3 复位闭合，为下一次减压起动做好准备。

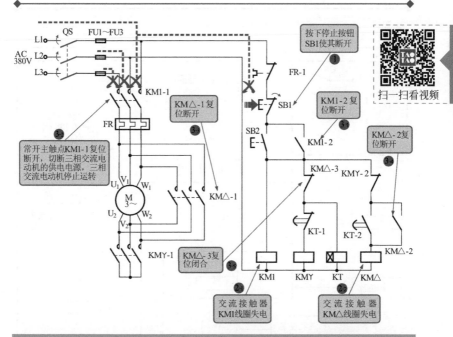

图 8-14　三相交流电动机的停机控制过程

8.2.3　三相交流电动机的点动/连续控制

使用旋转开关控制的三相交流电动机在进行点动/连续控制时，主要是通过控制按钮和旋转开关来实现的，如图 8-15 所示，若保持旋转开关在解锁断开状态，则整个电路处于点动控制模式，即按下控制按钮，三相交流电动机便起动运转，当松开控制按钮时，三相交流电动机立即停转。

当调整旋转按钮，使其处于闭合自锁状态时，整个电路处于连续控制模式，即按下控制按钮，三相交流电动机便起动运转，当松开控制按钮，三相交流电动机，依然保持运转状态。

由图可知，由旋转开关控制的三相交流电动机点动/连续控制电路主要由供电电路、保护电路、控制电路和三相交流电动机等构成。

该电路中的电源总开关 QS、控制按钮 SB1、停止按钮 SB2、旋转开关 SA、交流接触器 KM、过热保护继电器 FR 为三相交流电动机起动控制的核心部件。

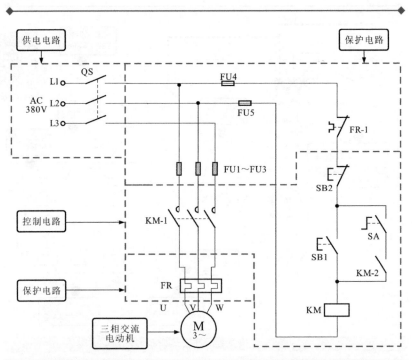

图 8-15　典型由旋转开关控制的三相交流电动机点动/连续控制电路

 1. 三相交流电动机的点动控制过程

对三相交流电动机进行点动控制时，首先要将旋转开关 SA 置于断开状态，然后合上电源总开关 QS，接通三相电源，如图 8-16 所示，此时，按下控制按钮 SB1，交流接触器 KM 线圈得电。

交流接触器 KM 线圈得电后，常闭主触点 KM-1 闭合，三相交流电动机接通三相电源，起动运转。

如图 8-17 所示，当松开控制按钮 SB1 后，交流接触器 KM 线圈失电，常开主触点 KM-1 复位断开，切断三相交流电动机供电电源，三相交流电动机停止运转，从而实现三相交流电动机的点动控制。

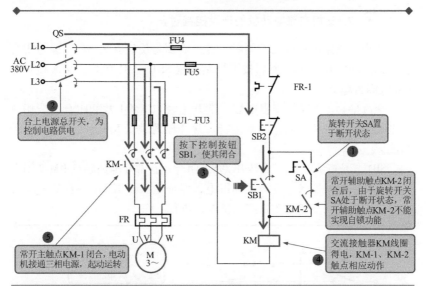

图 8-16　三相交流电动机的点动起动前 KM 线圈的得电过程

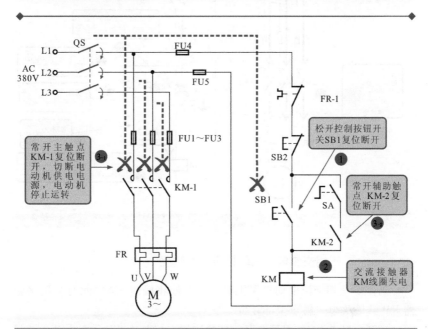

图 8-17　点动状态时，松开控制按钮的控制过程

2. 三相交流电动机的连续控制过程

使用该电路进行连续控制时，首先需要将旋转开关 SA 设置为闭合状态，如图 8-18 所示，然后按下控制按钮 SB1，SB1 闭合，交流接触器 KM 线圈得电。

交流接触器 KM 线圈得电后，常开主触点 KM-1 常开闭合，三相交流电动机接通三相电源，起动运转。常开辅助触点 KM-2 闭合实现自锁功能。

SB1 复位断开，由于旋转开关 SA 闭合，且常开辅助触点 KM-2 闭合自锁，交流接触器 KM 线圈持续得电，保证主触点 KM-1 一直处于闭合状态，维持三相交流电动机连续供电，进行工作。

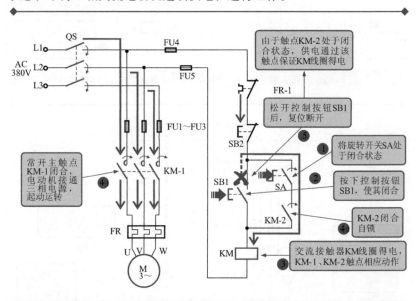

图 8-18　连续状态的控制过程

 3. 三相交流电动机的停机控制过程

当需要三相交流电动机停机时，按下停止按钮 SB2，此时交流接触器 KM 线圈失电，触点全部复位。

常开主触点 KM-1 复位断开，切断三相交流电动机的供电电源，三相交流电动机停止运转，常开辅助触点 KM-2 复位断开，解除自锁功能。

8.2.4　三相交流电动机的正反转控制

三相交流电动机的正反转连续控制电路是指对三相交流电动机的正向旋转和反向旋转进行控制的电路。

该电路通常使用起动按钮和交流接触器对三相交流电动机的正反转工作状态进行控制，如图8-19所示，并且电路中加入自锁功能，当按下起动按钮后，三相交流电动机便会持续地正向或反向旋转。

由图可知，三相交流电动机正反转连续控制电路主要由供电电路、保护电路、控制电路、指示灯电路和三相交流电动机等构成。

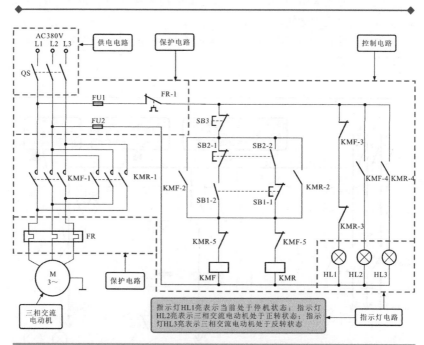

图8-19　典型三相交流电动机正反转连续控制电路

在该电路中的正转复合按钮 SB1、正转交流接触器 KMF、正转指示灯 HL2 是三相交流电动机正转连续控制的核心部件。

反转复合按钮 SB2、反转交流接触器 KMR、反转指示灯 HL3 是三相交流电动机反转连续控制的核心部件。

1. 三相交流电动机正转起动过程

进行正转起动控制时，首先合上电源总开关 QS，接通三相电源，此时电源经交流接触器 KMF 的常闭辅助触点 KMF-3、KMR-3 为停机指示灯 HL1 供电，HL1 点亮，提示当前处于停机状态。

如图 8-20 所示，当按下正转复合按钮 SB1 时，常闭触点 SB1-1 断开，防止反转交流接触器 KMR 线圈得电。常开触点 SB1-2 闭合，正转交流接触器 KMF 线圈得电，相应的触点动作。

正转交流接触器 KMF 线圈得电后，使三相交流电动机控制电路产生相应的功能。

常开主触点 KMF-1 闭合，三相交流电动机接通三相电源相序 L1、L2、L3，正向起动运转。

常开辅助触点 KMF-2 闭合，实现自锁功能，使正转交流接触器 KMF 线圈一直处于得电状态。

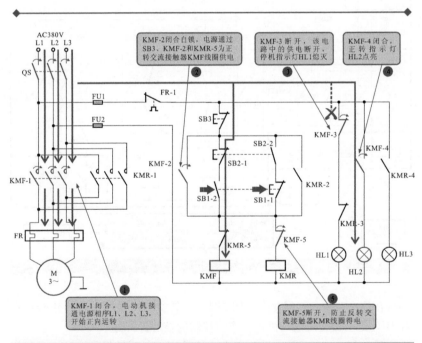

图 8-20　三相交流电动机正转起动过程

常闭辅助触点 KMF-3 断开，切断停机指示灯 HL1 的供电电源，HL1 熄灭。

常开辅助触点 KMF-4 闭合，正转指示灯 HL2 点亮，指示三相交流电动机处于正向运转状态。

常闭辅助触点 KMF-5 断开，防止反转交流接触器 KMR 线圈得电。

 2. 三相交流电动机正转停机过程

当需要三相交流电动机在正转状态下停机时，需要按下停止按钮 SB3，正转交流接触器 KMF 线圈失电，内部触点均复位动作。

常开辅助触点 KMF-2 复位断开，解除自锁功能。

常开主触点 KMF-1 复位断开，切断三相交流电动机供电电源，三相交流电动机停止正向运转。

常闭辅助触点 KMF-3 复位闭合，停机指示灯 HL1 点亮，指示三相交流电动机处于停机状态。

常开辅助触点 KMF-4 复位断开，切断正转指示灯 HL2 的供电电源，HL2 熄灭。

常闭辅助触点 KMF-5 复位闭合，为反转起动做好准备。

 3. 三相交流电动机反转起动过程

使用该电路实现三相交流电动机反转时，需要按下反转复合按钮 SB2，如图 8-21 所示，此时，常闭触点 SB2-1 断开，防止正转交流接触器 KMF 线圈得电；常开触点 SB2-2 闭合，反转交流接触器 KMR 线圈得电，相应的触点开始动作。

当反转交流接触器 KMR 线圈得电后，常开辅助触点 KMR-2 闭合，实现自锁功能。

常开主触点 KMR-1 闭合，三相交流电动机接通三相电源相序 L3、L2、L1，反向起动运转。

常闭辅助触点 KMR-3 断开，切断停机指示灯 HL1 的供电电源，HL1 熄灭。

常开辅助触点 KMR-4 接通，反转指示灯 HL3 点亮，指示三相交流电动机处于反向运转状态；常闭辅助触点 KMR-5 断开，防止正转交流接触器 KMF 线圈得电。

4. 三相交流电动机反转停机过程

当需要三相交流电动机停机时，按下停机按钮 SB3，其常闭触点断开，从而断开供电电源，此时反转交流接触器 KMR 线圈失电，内部的触点均复位。

常开辅助触点 KMR-2 复位断开，解除自锁功能。

常开主触点 KMR-1 复位断开，切断三相交流电动机供电电源，三相交流电动机停止反向运转。

常闭辅助触点 KMR-3 复位闭合，停机指示灯 HL1 点亮，指示三相交流电动机处于停机状态。

常开辅助触点 KMR-4 复位断开，切断反转指示灯 HL3 的供电电源，HL3 熄灭。

常闭辅助触点 KMR-5 复位闭合，为正转起动做好准备。

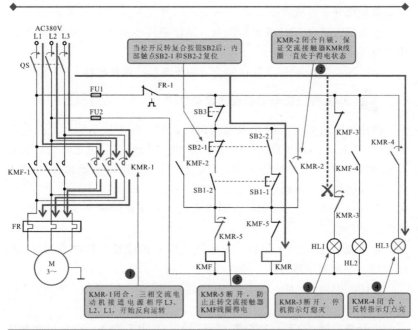

图 8-21　三相交流电动机反转起动过程

第9章

机电设备的自动化控制

9.1 工业电气设备的自动化控制

9.1.1 工业电气控制电路的特点

工业电气设备是指使用在工业生产中需要用到的设备，随着技术的发展和人们生活水平的提升，工业电气设备的种类越来越多，例如机床设备、电梯控制设备、货物升降机设备、电动葫芦、给排水控制设备等。

不同工业电气设备所选用的控制元器件、功能部件、连接部件以及电动机等基本相同，但根据选用部件数量的不同以及不同元器件间的不同组合，便可以实现不同的功能。图9-1所示为典型工业电气设备的电气控制电路。

典型工业电气设备的电气控制电路主要是由电源总开关、熔断器、过热保护继电器、转换开关、交流接触器、起动按钮（不闭锁的常开按钮）、停止按钮、照明灯、三相交流电动机等部件构成的，根据该电气控制电路图通过连接导线将相关的部件进行连接后，即构成了工业电气设备的电气控制电路，如图9-2所示。

9.1.2 工业电气控制电路的控制过程

工业电气设备依靠起动按钮、停止按钮、转换开关、交流接触器、过热保护继电器等控制部件来对电动机进行控制，再由电动机带动电气设备中的机械部件运作，从而实现对电气设备的控制。图9-3所示为典型工业电气设备的电气控制图。

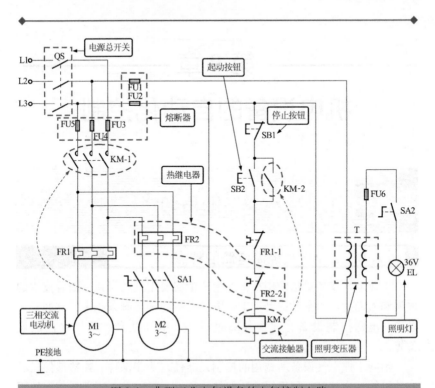

图 9-1　典型工业电气设备的电气控制电路

该电气控制电路可以划分为供电电路、保护电路、控制电路、照明灯电路等，各电路之间相互协调，通过控制部件最终合理地实现对各电气设备进行控制。

 1. 主轴电动机的起动过程

当控制主轴电动机起动时，需要先合上电源总开关 QS，接通三相电源，如图 9-4 所示，然后按下起动按钮 SB2，其内部常开触点闭合，此时交流接触器 KM 线圈得电。

当交流接触器 KM 线圈得电后，常开辅助触点 KM-2 闭合自锁，使 KM 线圈保持得电。

常开主触点 KM-1 闭合，电动机 M1 接通三相电源，开始运转。

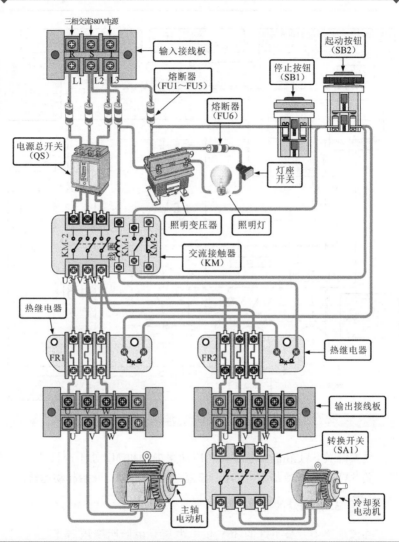

图 9-2　典型工业电气设备及控制电路的主要部件及实物连接图

 2. 冷却泵电动机的控制过程

通过电气控制图可知，只有在主轴电动机 M1 得电运转后，转换开关 SA1 才能起作用，才可以对冷却泵电动机 M2 进行控制，如图 9-5 所示。

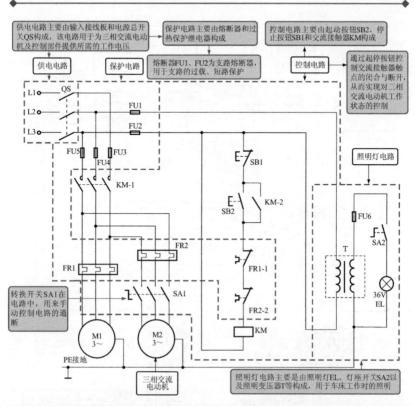

图 9-3　典型工业电气设备的电气控制图

转换开关 SA1 在断开状态时，冷却泵电动机 M2 处于待机状态；转换开关 SA1 闭合，冷却泵电动机 M2 接通三相电源，开始起动运转。

 3. 照明灯的控制过程

在该电路中，照明灯的 36V 供电电压是由照明变压器 T 二次侧输出的。

照明灯 EL 的亮/灭状态，受灯座开关 SA2 的控制，在需要照明灯时，可将 SA2 旋至接通的状态，此时照明变压器二次侧通路，照明灯 EL 亮。

将 SA2 旋至断开的状态，照明灯处于熄灭的状态。

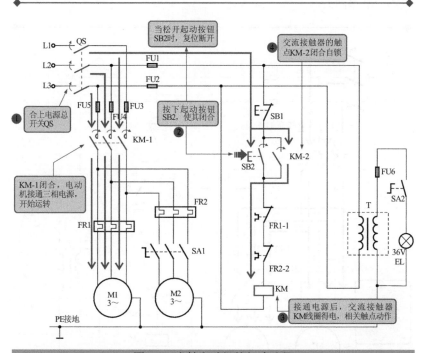

图9-4 主轴电动机的起动过程

 4. 电动机的停机过程

当需要对该电路进行停机操作时，按下停止按钮 SB1，切断电路的供电电源，此时交流接触器 KM 线圈失电，其触点全部复位。

常开主触点 KM-1 复位断开，切断电动机供电电源，停止运转。

常开触助触点 KM-2 复位断开，解除自锁功能。

9.1.3　工业电气设备的自动化控制应用

 1. 供水电路的自动化控制

带有继电器的电动机供水控制电路一般用于供水电路中，这种电路通过液位检测传感器检测水箱内水的高度，当水箱内的水量过低时，电动机带动水泵运转，向水箱内注水；当水箱内的水量过高时，则电动机自动停止运转，停止注水。图9-6所示为带有继电器的电动机供水控制电路的电路图。

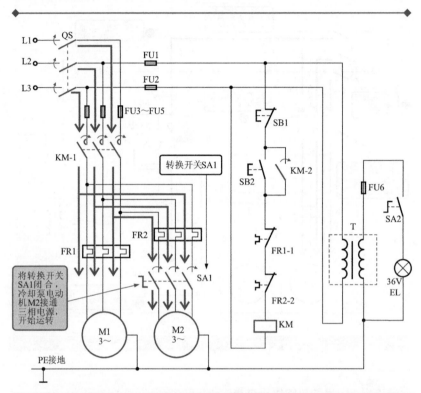

图9-5　冷却泵电动机的控制过程

图中文字标注：
- 转换开关SA1
- 将转换开关SA1闭合，冷却泵电动机M2接通三相电源，开始运转
- PE接地
- 36V EL

带有继电器的电动机供水控制电路主要由供电电路、保护电路、控制电路和三相交流电动机等构成。

（1）低水位时电动机的运行供水过程　合上总断路器QF，接通三相电源，如图9-7所示，当水位处于电极BL1以下时，各电极之间处于开路状态。辅助继电器KA2线圈得电，相应的触点进行动作。

由图中可知，当辅助继电器KA2线圈得电后，常开触点KA2-1闭合，交流接触器KM线圈得电，常开主触点KM-1闭合，电动机接通三相电源，三相交流电动机带动水泵运转，开始供水。

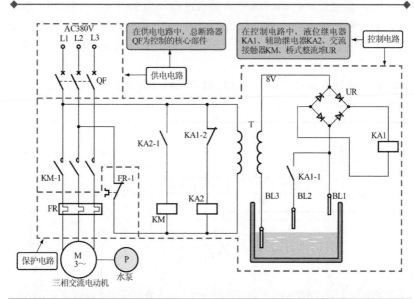

图 9-6 带有继电器的电动机供水控制电路的电路图

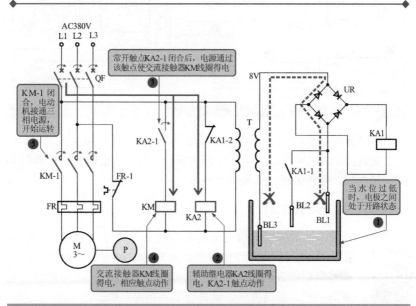

图 9-7 低水位时电动机的运行供水过程

（2）高水位时电动机的停止供水过程　当水位处于电极 BL1 以上时，由于水的导电性，各电极之间处于通路状态，如图 9-8 所示，此时 8V 交流电压经桥式整流堆 UR 整流后，为液位继电器 KA1 线圈供电。

其常开触点 KA1-1 闭合，常闭触点 KA1-2 断开，使辅助继电器 KA2 线圈失电。

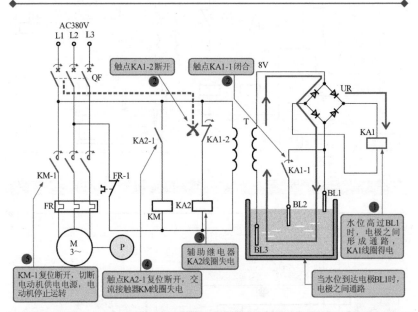

图 9-8　高水位时电动机的停止供水过程

辅助继电器 KA2 线圈失电，常开触点 KA2-1 复位断开。

交流接触器 KM 线圈失电，常开主触点 KM-1 复位断开，电动机切断三相电源，停止运转，供水作业停止。

 2. 升降机的自动化控制

货物升降机的自动运行控制电路主要是通过过一个控制按钮控制升降机自动在两个高度升降作业（例如两层楼房），即将货物提升到固定高度，等待一段时间后，升降机会自动下降到规定的高度，以便进行下一次提升搬运。

图 9-9 所示为典型货物升降机的自动运行控制电路。

扫一扫看视频

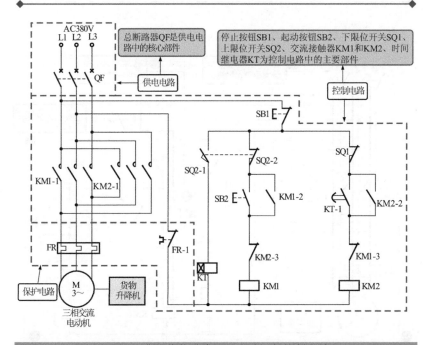

图 9-9　典型货物升降机的自动运行控制电路

　　货物升降机的自动运行控制电路主要由供电电路、保护电路、控制电路、三相交流电动机和货物升降机等构成。

　　（1）货物升降机的上升过程　当需要上升货物升降机时，首先合上总断路器 QF，接通三相电源，如图 9-10 所示，然后按下起动按钮 SB2，此时交流接触器 KM1 线圈得电，相应触点动作。

　　常开辅助触点 KM1-2 闭合自锁，使 KM1 线圈保持得电。

　　常开主触点 KM1-1 闭合，电动机接通三相电源，开始正向运转，货物升降机上升。

　　常闭辅助触点 KM1-3 断开，防止交流接触器 KM2 线圈得电。

　　（2）货物升降机上升至 SQ2 时的停机过程　当货物升降机上升到规定高度时，上限位开关 SQ2 动作（即 SQ2-1 闭合，SQ2-2 断开），如图 9-11 所示。

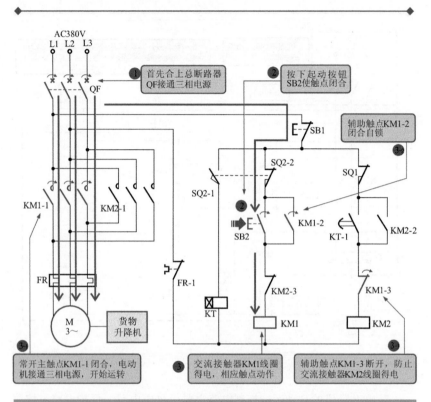

图 9-10   货物升降机的上升过程

常开触点 SQ2-1 闭合，时间继电器 KT 线圈得电，进入定时计时状态。

常闭触点 SQ2-2 断开，交流接触器 KM1 线圈失电，触点全部复位。

常开主触点 KM1-1 复位断开，切断电动机供电电源，停止运转。

（3）货物升降机的下降过程   当时间达到时间继电器 KT 设定的时间后，其触点进行动作，常开触点 KT-1 闭合，使交流接触器 KM2 线圈得电，如图 9-12 所示。

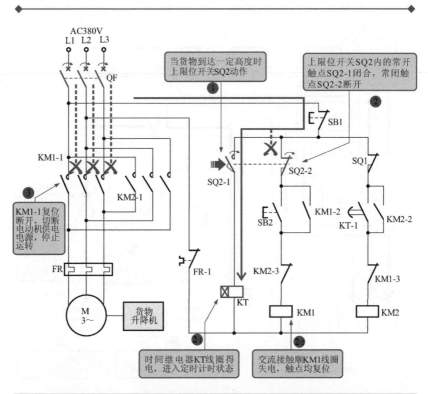

图 9-11　货物升降机上升至 SQ2 时的停机过程

由图可知，交流接触器 KM2 线圈得电，常开辅助触点 KM2-2 闭合自锁，维持交流接触器 KM2 的线圈一直处于得电的状态。

常开主触点 KM2-1 闭合，电动机反向接通三相电源，开始反向旋转，货物升降机下降。

常闭辅助触点 KM2-3 断开，防止交流接触器 KM1 线圈得电。

（4）货物升降机下降至 SQ1 时的停机过程　如图 9-13 所示，货物升降机下降到规定的高度后，下限位开关 SQ1 动作，常闭触点断开，此时交流接触器 KM2 线圈失电，触点全部复位。

常开主触点 KM2-1 复位断开，切断电动机供电电源，停止运转。

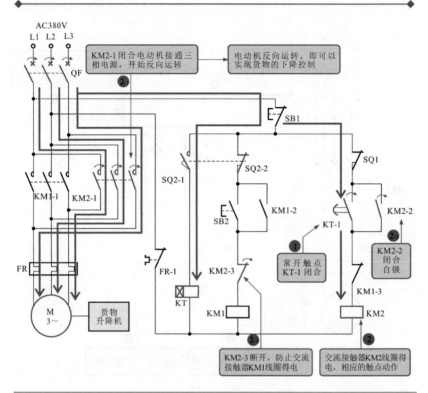

图 9-12　货物升降机的下降过程

　　常开辅助触点 KM2-2 复位断开，解除自锁功能；常闭辅助触点 KM2-3 复位闭合，为下一次的上升控制做好准备。

　　（5）工作时的停机过程　当需停机时，按下停止按钮 SB1，交流接触器 KM1 或 KM2 线圈失电。

　　交流接触器 KM1 和 KM2 线圈失电后，相关的触点均进行复位。

　　常开主触点 KM1-1 或 KM2-1 复位断开，切断电动机的供电电源，停止运转。

　　常开辅助触点 KM1-2 或 KM2-2 复位断开，解除自锁功能。

　　常闭辅助触点 KM1-3 或 KM2-3 复位闭合，为下一次动作做准备。

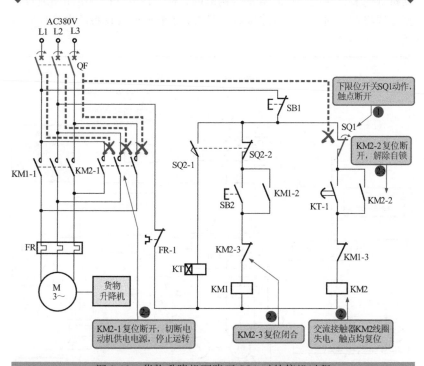

图 9-13　货物升降机下降至 SQ1 时的停机过程

9.2　农机设备的自动化控制

9.2.1　农机电气控制电路的特点

　　农业电气设备是指在农业生产中所需要使用的设备，例如排灌设备、农产品加工设备、养殖和畜牧设备等，农业电气设备由很多控制元器件、功能部件、连接部件组成，根据选用部件种类和数量的不同以及不同元器件间的不同组合连接方式，便可以实现不同的功能。图 9-14 所示为典型的农机电气控制电路（农业抽水设备的控制电路）。

　　典型农业电气设备的电气控制电路主要是由电源总开关、熔断器、起动按钮、停止按钮、交流接触器、过热保护继电器、照明灯、水泵电动机（三相交流电动机）等部件构成的，根据该电气控制电路图通过连接导线将相关的部件进行连接后，即构成了农业电气设备的电气控制电路，如图 9-15 所示。

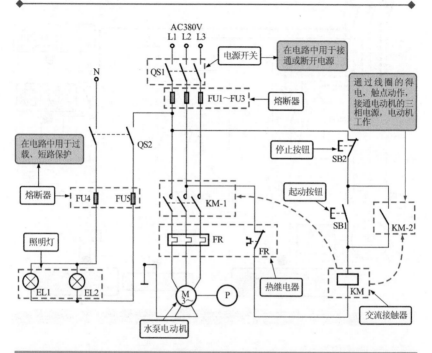

图 9-14 典型的农机电气控制电路（农业抽水设备的控制电路）

9.2.2 农机电气控制电路的控制过程

农业电气设备是依靠起动按钮、停止按钮、交流接触器、电动机等对相应的设备进行控制，从而实现相应的功能。图 9-16 所示为典型农机设备的电气控制图，该电路主要是由供电电路、保护电路、控制电路、照明灯电路及水泵电动机等部分构成的。

 1. 水泵电动机的起动过程

当需要起动水泵电动机时，应先合上电源总开关 QS1，接通三相电源，如图 9-17 所示，然后按下起动按钮 SB1，使触点闭合，此时交流接触器 KM 线圈得电。

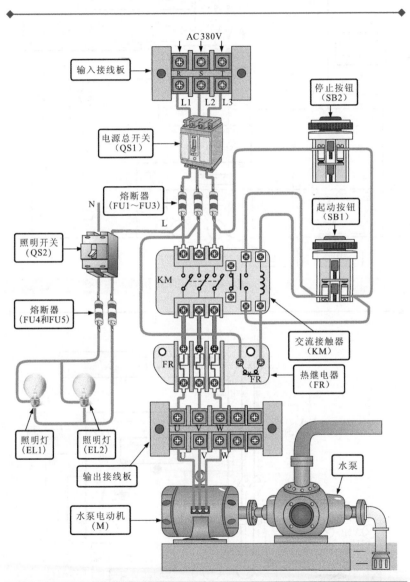

AC380V

输入接线板

停止按钮
（SB2）

电源总开关
（QS1）

熔断器
（FU1～FU3）

N

L

起动按钮
（SB1）

照明开关
（QS2）

KM

熔断器
（FU4和FU5）

交流接触器
（KM）

FR

FR

热继电器
（FR）

照明灯
（EL1）

照明灯
（EL2）

输出接线板

水泵

水泵电动机
（M）

图 9-15　典型农业抽水设备控制电路的主要部件及实物连接图

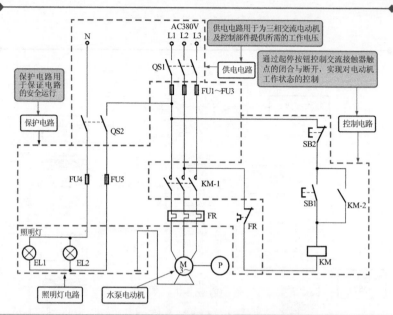

图 9-16　典型农机设备的电气控制图

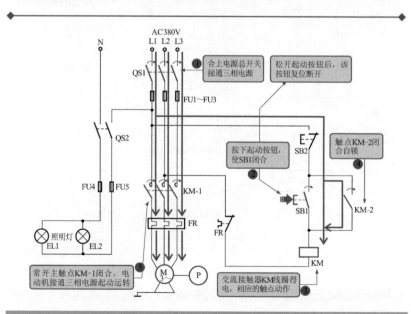

图 9-17　水泵电动机的起动过程

交流接触器 KM 线圈得电，常开辅助触点 KM-2 闭合自锁。

常开主触点 KM-1 闭合，电动机接通三相电源，起动运转，水泵电动机带动水泵开始工作，完成水泵电动机的起动过程。

 2. 水泵电动机的停机过程

需要停机时，可按下停止按钮 SB2，使停止按钮内部的触点断开，切断供电电路的电源，此时交流接触器 KM 线圈失电，常开辅助触点 KM-2 复位断开，解除自锁。

常开主触点 KM-1 复位闭合，切断电动机供电电源，停止运转。

 3. 照明灯的控制过程

在对该电路中的电气设备进行控制的同时，当需要照明时，可以合上电源开关 QS2 接通照明灯 EL1、EL2 的电源，照明灯开始点亮；当不需要照明时，可关闭电源开关 QS2，使照明灯熄灭。

9.2.3　农机设备的自动化控制应用

 1. 禽蛋孵化设备的自动化控制

禽蛋孵化恒温箱控制电路是指控制恒温箱内的温度保持恒定温度值，当恒温箱内的温度降低时，自动起动加热器进行加热工作。

当恒温箱内的温度达到预定的温度时，自动停止加热器工作，从而保证恒温箱内温度的恒定。

图 9-18 所示为典型禽蛋孵化恒温箱控制电路。该电路主要由供电电路、温度控制电路和加热器控制电路等构成。

电源变压器 T、桥式整流堆 VD1～VD4、滤波电容器 C、稳压二极管 VZ、温度传感器集成电路 IC1、电位器 RP、晶体管 VT、继电器 K、加热器 EE 等为禽蛋孵化恒温箱控制电路的核心部件。

相关资料

IC1 是一种温度检测传感器与接口电路集于一体的集成电路，IN（输入）端为起控温度设定端。当 IC1 检测的环境温度达到设定起控温度时 OUT（输出）端输出高电平，起到控制的作用。

扫一扫看视频

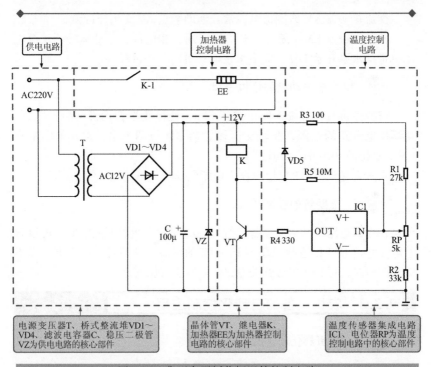

图 9-18　典型禽蛋孵化恒温箱控制电路

（1）禽蛋孵化恒温箱的加热过程　在对禽蛋孵化恒温箱进行加热控制时，应先通过电位器 RP 预先调节好禽蛋孵化恒温箱内的温控值。

然后接通电源，如图 9-19 所示，交流 220V 电压经电源变压器 T 降压后，由二次侧输出交流 12V 电压，交流 12V 电压经桥式整流堆 VD1～VD4 整流、滤波电容器 C 滤波、稳压二极管 VZ 稳压后，输出＋12V 直流电压，为温度控制电路供电。

如图 9-20 所示，当禽蛋孵化恒温箱内的温度低于电位器 RP 预先设定的温控值时，温度传感器集成电路 IC1 的 OUT 端输出高电平，晶体管 VT 导通。

此时，继电器 K 线圈得电。常开触点 K-1 闭合，接通加热器 EE 的供电电源，加热器 EE 开始加热工作。

（2）禽蛋孵化恒温箱的停止加热过程　当禽蛋孵化恒温箱内的温度上升至电位器 RP 预先设定的温控值时，温度传感器集成电路 IC 的 OUT 端输出低电平。此时晶体管 VT 截止，继电器 K 线圈失电。

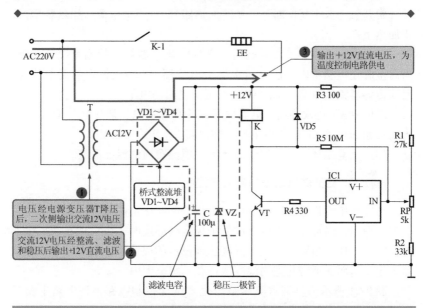

图 9-19　禽蛋孵化恒温箱的供电过程

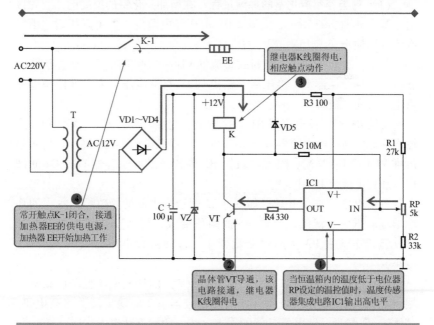

图 9-20　禽蛋孵化恒温箱的加热过程

常开触点 K-1 复位断开，切断加热器 EE 的供电电源，加热器 EE 停止加热工作。

加热器停止加热一段时间后，禽蛋孵化恒温箱内的温度缓慢下降，当禽蛋孵化恒温箱内的温度再次低于电位器 RP 预先设定的温控值时，温度传感器集成电路 IC1 的 OUT 端再次输出高电平。

晶体管 VT 再次导通。继电器 K 线圈再次得电，常开触点 K-1 闭合，再次接通加热器 EE 的供电电源，加热器 EE 开始加热工作。

如此反复循环，从而保证禽蛋孵化恒温箱内的温度恒定。

2. 禽类养殖设备的自动化控制

禽类养殖孵化室湿度控制电路是指控制孵化室内的湿度需要维持在一定范围内：当孵化室内的湿度低于设定的湿度时，应自动起动加湿器进行加湿工作；当孵化室内的湿度达到设定的湿度时，应自动停止加湿器工作，从而保证孵化室内湿度保持在一定范围内。

图 9-21 所示为典型禽类养殖孵化室湿度控制电路，该电路主要是由供电电路、湿度检测电路、湿度控制电路等构成。

（1）禽类养殖孵化室的加湿过程　在增加孵化室的湿度前，应先接通电源，如图 9-22 所示，交流 220V 电压经电源变压器 T 降压后，由二次侧分别输出交流 15V、8V 电压。

其中，交流 15V 电压经桥式整流堆 VD6~VD9 整流、滤波电容器 C1 滤波、三端稳压器 IC1 稳压后，输出+12V 直流电压，为湿度控制电路供电，发光二极管 VL 点亮。

交流 8V 经限流电阻器 R1、R2 限流，稳压二极管 VZ1、VZ2 稳压后输出交流电压，经电位器 RP1 调整取样，湿敏电阻器 MS 降压，桥式整流堆 VD1~VD4 整流、限流电阻器 R3 限流，滤波电容器 C3、C4 滤波后，加到电流表 PA 上。

各供电电压准备好后，如图 9-23 所示，当禽类养殖孵化室内的环境湿度较低时，湿敏电阻器 MS 的阻值变大，桥式整流堆输出电压减小（流过电流表 PA 上的电流就变小，进而流过电阻器 R4 的电流也变小）。

此时电压比较器 IC2 的反相输入端（-）的比较电压低于同相输入端（+）的基准电压，因此由其电压比较器 IC2 的输出端输出高电平，晶体管 VT 导通，继电器 K 线圈得电，相应的触点动作。

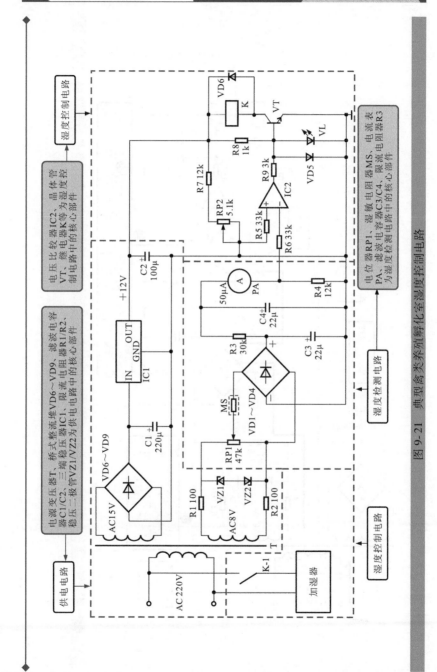

图 9-21　典型禽类养殖孵化室湿度控制电路

电压比较器 IC2、晶体管 VT、继电器 K 等为湿度控制电路中的核心部件

电源变压器 T、桥式整流堆 VD6~VD9、滤波电容 C1/C2、三端稳压器 IC1、限流电阻器 R1/R2、稳压二极管 VZ1/VZ2 为供电电路中的核心部件

电位器 RP1、湿敏电阻器 MS、电流表 PA、滤波电容器 C3/C4、限流电阻器 R3 为湿度检测电路中的核心部件

湿度控制电路

湿度控制电路

湿度检测电路

湿度控制电路

供电电路

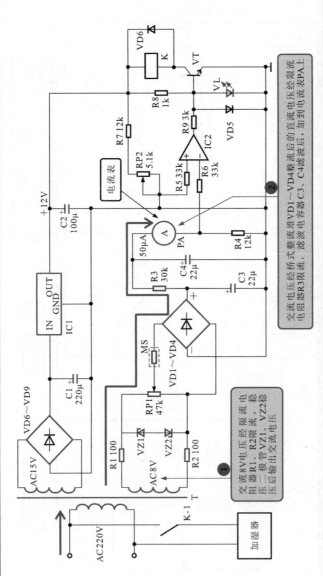

① 交流8V电压经限流电阻器R1、R2限流，稳压二极管VZ1、VZ2稳压后输出交流电压

② 交流电压经桥式整流堆VD1~VD4整流后的直流电压经限流电阻器R3限流，滤波电容器C3、C4滤波后，加到电流表PA上

图9-22　禽类养殖孵化室湿度检测电路的供电过程

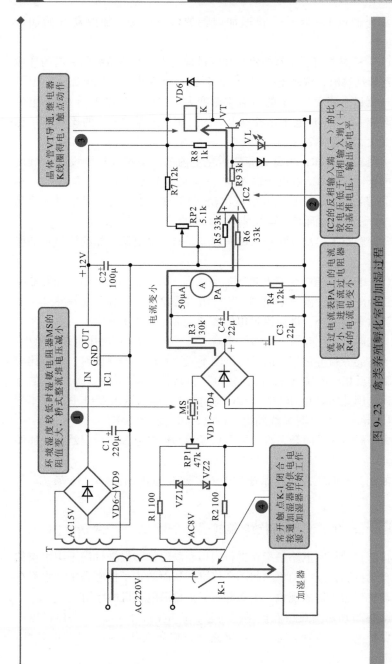

图9-23　禽类养殖解化笔的加湿过程

常开触点 K-1 闭合，接通加湿器的供电电源，加湿器开始加湿工作。

（2）禽类养殖孵化室的停止加湿过程　当禽类养殖孵化室内的环境湿度逐渐增高时，湿敏电阻器 MS 的阻值逐渐变小，整流电路输出电压升高（流过电流表 PA 上的电流逐渐变大，进而流过电阻器 R4 的电流也逐渐变大），此时电压比较器 IC2 的反相输入端（-）的比较电压也逐渐变大，如图 9-24 所示。

由图 9-24 可知，当禽类养殖孵化室内的环境湿度达到设定的湿度时，电压比较器 IC2 的反相输入端（-）的比较电压要高于同相输入端（+）的基准电压，因此由其电压比较器 IC2 的输出端输出低电平，使晶体管 VT 截止，从而继电器 K 线圈失电，相应的触点复位。

常开触点 K-1 复位断开，切断加湿器的供电电源，加湿器停止加湿工作。

（3）禽类养殖孵化室的再次加湿过程　孵化室的湿度随着加温器的停止逐渐降低时，温敏电阻器 MS 的阻值逐渐变大，流过电流表 PA 上的电流就逐渐变小，进而流过电阻器 R4 的电流也逐渐变小，如图 9-25 所示，此时电压比较器 IC2 的反相输入端（-）的比较电压也逐渐减小。

当禽类养殖孵化室内的环境湿度不能达到设定的湿度时，电压比较器 IC2 的反相输入端（-）的比较电压再次低于同相输入端（+）的基准电压，因此由其电压比较器 IC2 的输出端再次输出高电平，晶体管 VT 再次导通，继电器 K 线圈再次得电，相应触点动作。

常开触点 K-1 闭合，再次接通加湿器的供电电源，加湿器开始加湿工作。

如此反复循环，从而保证禽类养殖孵化室内的湿度保持在一定范围内。

3. 排灌设备的自动化控制

排灌自动控制电路是指在进行农田灌溉时能够根据排灌渠中水位的高低自动控制排灌电动机的起动和停机，从而防止了排灌渠中无水而排灌电动机仍然工作的现象，进而起到保护排灌电动机的作用。

图 9-26 所示为典型农田排灌自动控制电路，该电路主要由供电电路、保护电路、检测电路、控制电路和三相交流电动机（排灌电动机）等构成。

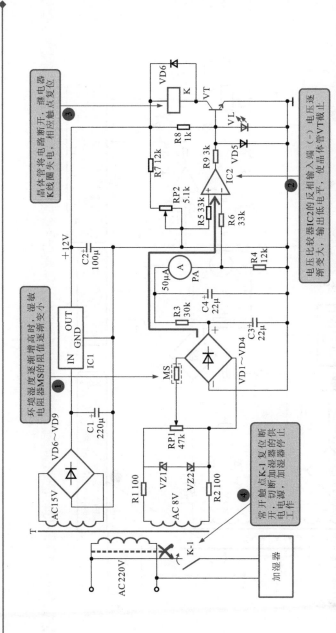

图9-24　禽类养殖孵化室的停止加湿过程

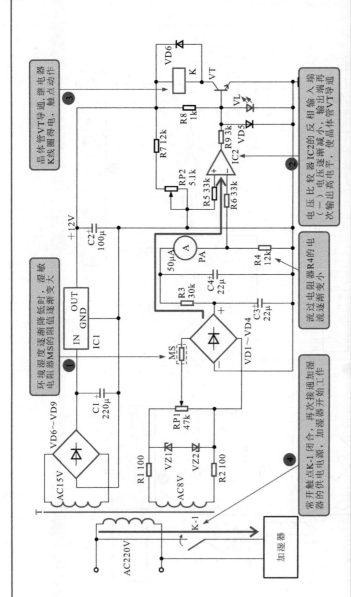

图 9-25　禽类养殖孵化室的再次加湿过程

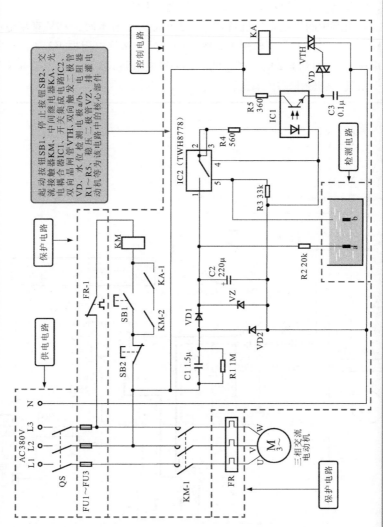

起动按钮SB1、停止按钮SB2、交流接触器KM、中间继电器KA、光电耦合器IC1、开关集成电路IC2、双向晶闸管VTH、双向触发二极管VD、水位检测二极管VZ、排灌电动机等为该电路中的核心部件
R1～R5、稳压二极管VZ、排灌电动机等为该电路中的核心部件

图 9-26　典型农田排灌自动控制电路

（1）农田排灌电动机的起动过程　合上电源总开关 QS，接通三相电源，如图 9-27 所示，相线 L2 与零线 N 间的交流 220V 电压经电阻器 R1 和电容器 C1 降压，整流二极管 VD1、VD2 整流，稳压二极管 VZ 稳压，滤波电容器 C2 滤波后，输出 +9V 直流电压。

该电路中的供电电压准备好后，当排灌渠中有水时，+9V 直流电压一路直接加到开关集成电路 IC2 的①脚，另一路经电阻器 R2 和水位检测电极 a、b 加到 IC2 的⑤脚，此时开关集成电路 IC2 内部的电子开关导通，由其②脚输出 +9V 电压。

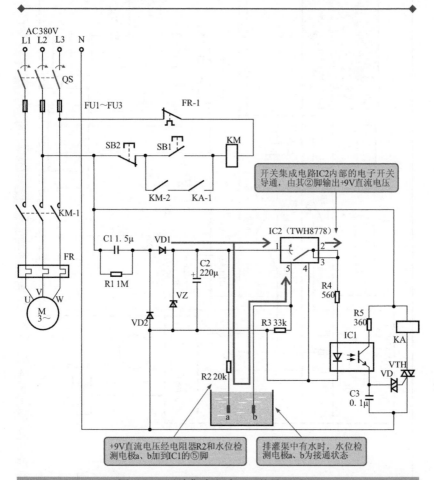

图 9-27　开关集成电路 IC2 的导通过程

如图 9-28 所示，开关集成电路 IC2 的②脚输出的+9V 电压经电阻器 R4 加到光电耦合器 IC1 的发光二极管上。

光电耦合器 IC1 的发光二极管导通发光后照射到光电晶体管上，光电晶体管导通，并由发射极发出触发信号触发双向触发二极管 VD 导通，进而触发双向晶闸管 VTH 导通。

双向晶闸管 VTH 导通后，中间继电器 KA 线圈得电，相应的触点动作。

常开触点 KA-1 闭合，为交流接触器 KM 线圈得电实现自锁功能做好准备。

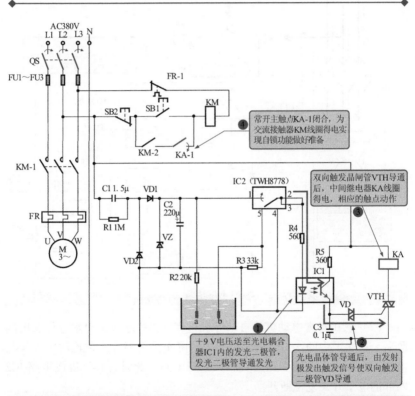

图 9-28　中间继电器 KA 线圈得电及触点动作过程

如图 9-29 所示，按下起动按钮 SB1 后，触点闭合，交流接触器 KM 线圈得电，相应触点动作。

常开辅助触点 KM-2 闭合，与中间继电器 KA 闭合的常开触点 KA-1

组合，实现自锁功能；常开主触点 KM-1 闭合，排灌电动机接通三相电源，起动运转。

排灌电动机运转后，带动排水泵进行抽水，从而对农田进行灌溉作业。

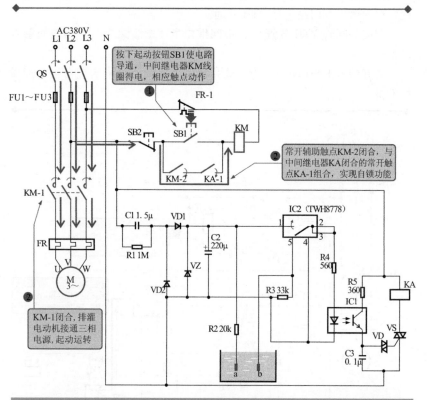

图 9-29　农田排灌电动机的起动过程

（2）农田排灌电动机的自动停机过程　当排水泵抽出水进行农田灌溉后，排水渠中的水位逐渐降低，水位降至最低时，水位检测电极 a 与电极 b 由于无水而处于开路状态，断开电路，此时，开关集成电路 IC2 内部的电子开关复位断开。

光电耦合器 IC1、双向触发二极管 VD、双向晶闸管 VTH 均截止，中间继电器 KA 线圈失电。

中间继电器 KA 线圈失电后，常开触点 KA-1 复位断开，切断交流接触器 KM 的自锁功能，交流接触器 KM 线圈失电，相应的触点复位。

常开辅助触点 KM-2 复位断开,解除自锁功能。

常开主触点 KM-1 复位断开,切断排灌电动机的供电电源,排灌电动机停止运转。

(3)农田排灌电动机的手动停机过程 在对该农业电气设备进行控制的过程中,当需要手动对排灌电动机停止运转时,可按下停止按钮 SB2,切断供电电源,停止按钮 SB2 内触点断开后,交流接触器 KM 线圈失电,相应的触点均复位。

常开辅助触点 KM-2 复位断开,解除自锁功能。

常开主触点 KM-1 复位断开,切断排灌电动机的供电电源,排灌电动机停止运转。

第10章
变频及软起动控制

10.1 定频控制与变频控制

10.1.1 定频控制

"变频"是相对于"定频"而言的。众所周知，在传统的电动机控制系统中，电动机采用定频控制方式，即用频率为50Hz的交流220V或380V电源（工频电源）直接去驱动电动机，如图10-1所示。

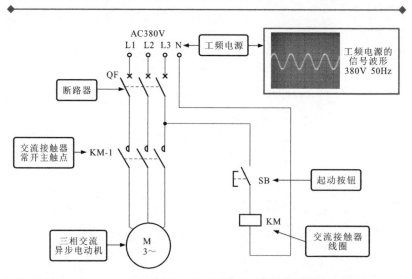

图 10-1　简单的电动机定频控制原理图

这种控制方式中，当合上断路器 QF，接通三相电源。按下起动按钮 SB，交流接触器 KM 线圈得电，常开主触点 KM-1 闭合，电动机起动并在频率 50Hz 电源下全速运转，如图 10-2 所示。

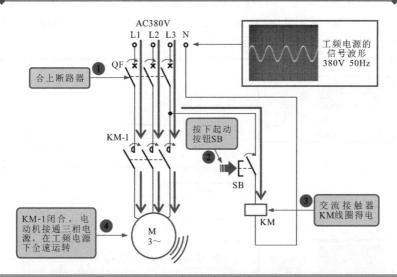

图 10-2　电动机的定频控制过程

当需要电动机停止运转时，松开按钮 SB，接触器线圈失电，主触点复位断开，电动机绕组失电，电动机停止运转，在这一过程中，电动机的旋转速度不变，只是在供电电路通与断两种状态下，实现起动与停止。

可以看到，电源直接为电动机供电，在起动运转开始时，电动机要克服电动机转子的惯性，从而使得电动机绕组中会产生很大的起动电流（约是运行电流的 6~7 倍），若频繁起动，则势必会造成无谓的耗电，使效率降低，还会因起停时的冲击过大，对电网、电动机、负载设备以及整个拖动系统造成很大的冲击，从而增加维修成本。

另外，由于该方式中电源频率是恒定的，因此电动机的转速是不变的，如果需要满足变速的需求，就需要增加附加的减速或升速机构（变速齿轮箱等），这样不仅增加了设备成本，还增加了能源的消耗。很多传统的设备大都采用定频控制方式，不利于节能环保。

10.1.2　变频控制

为了克服上述定频控制中的缺点，提高效率，电气技术人员研发出通过改变电动机供电频率的方式来达到电动机转速控制的目的，这就是变频技术的"初衷"。

图10-3所示为变频控制的原理示意图。变频技术逐渐发展并得到了广泛应用，采用变频的驱动方式驱动电动机可以实现宽范围的转速控制，还可以大大提高效率，具有环保节能的特点。

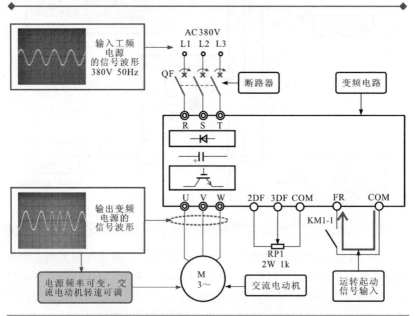

图 10-3　电动机的变频控制简单原理示意图

相关资料

工频电源是指工业上用的交流电源，单位为赫兹（Hz）。不同国家、地区的电力工业标准频率各不相同，中国电力工业的标准频率定为50Hz，有些国家（如美国等）或地区则定为60Hz。

在上述电路中改变电源频率的电路即为变频电路。可以看到，采用变频控制的电动机驱动电路中，恒压恒频的工频电源经变频电路后变成电压、频率都可调的驱动电源，使得电动机绕组中的电流呈线性上升，起动电流小且对电气设备的冲击也降到最低。

定频与变频两种控制方式中，关键的区别在于控制电路输出交流电压的频率是否可变，图 10-4 所示为两种控制方式输出电压的波形图。

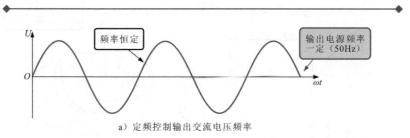

a）定频控制输出交流电压频率

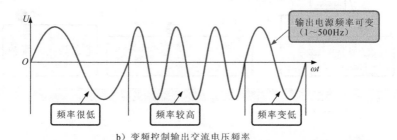

b）变频控制输出交流电压频率

图 10-4　定频控制与变频控制中输出电压的波形图

目前，多数变频电路在实际工作时，首先在整流电路模块中将交流电压整流为直流电压，然后在中间电路模块对直流进行滤波，最后由逆变电路模块将直流电压变为频率可调的交流电压，进而对电动机实现变频控制。

由于逆变电路模块是实现变频的重点电路部分，因此从逆变电路的信号处理过程入手即可对变频的原理有所了解。

"变频"的控制主要是通过对逆变电路中电力半导体器件的开关控制，来实现输出电压频率发生变化，进而实现控制电动机转速的目的。

逆变电路由六只半导体晶体管（以 IGBT 较为常见）按一定方式连接而成，通过控制六只半导体晶体管的通断状态，实现逆变过程。下面介绍逆变电路实现"变频"的具体工作过程。

 1. U+和 V−两只 IGBT 导通

图 10-5 所示为 U+和 V−两只 IGBT 导通周期的工作过程。

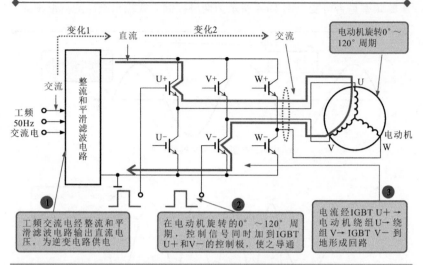

图 10-5　U+和 V−两只 IGBT 导通周期的工作过程

 2. V+和 W−两只 IGBT 导通

图 10-6 所示为 V+和 W−两只 IGBT 导通周期的工作过程。

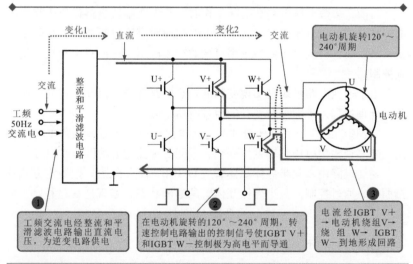

图 10-6　V+和 W−两只 IGBT 导通周期的工作过程

3. W+和 U–两只 IGBT 导通

图 10-7 所示为 W+和 U–两只 IGBT 导通周期的工作过程。

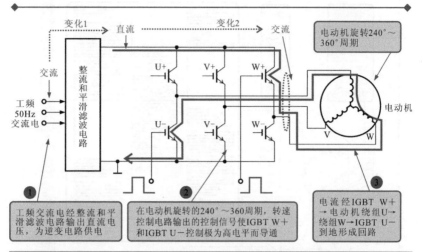

图 10-7   W+和 U–两只 IGBT 导通周期的工作过程

相关资料

我们平时使用的交流电都来自国家电网，在我国低压电网的电压和频率统一为 380V、50Hz，这是一种规定频率的电源，不可调整，平时也称它为工频电源，因此，如果想要得到电压和频率都能调节的电源，就必须想法"变出来"，这样的电源才能够控制。"变出来"不可能凭空产生，只能从另一种"能源"中变过来，一般这种"能源"就是直流电源。

也就是说，需要将不可调、不能控制的交流电源变为直流电源，然后再从直流电源中"变出"可调、可控的变频电源。

由于变频电路所驱动控制的电动机有直流和交流之分，因此变频电路的控制方式也可以分成直流变频方式和交流变频方式两种。

图 10-8 所示为采用 PWM（脉宽调制）的直流变频控制电路原理图。直流变频是把交流市电转换为直流电，并送至逆变电路，逆变电路受微处理器指令的控制。微处理器输出转速脉冲控制信号经逆变电路变成驱动电动机的信号。

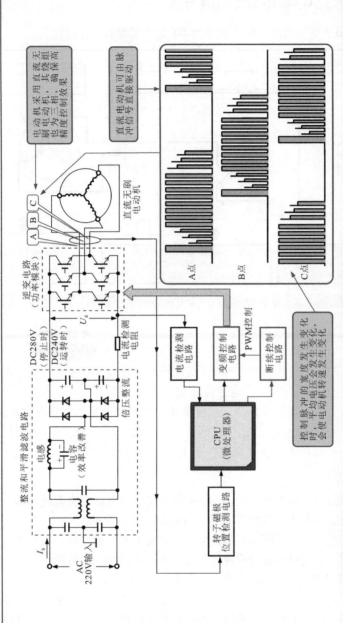

图 10-8　典型的直流变频控制原理示意图

　　图 10-9 所示为采用 PWM （脉宽调制） 的交流变频控制电路原理图。交流变频是把 380V/220V 交流市电转换为直流电源，为逆变电路提供工作电压，逆变电路在变频控制下将直流电"逆变"成交流电，该交流电再去驱动交流电动机，"逆变"的过程受转速控制电路的指令控制，输出频率可变的交流电压，使电动机的转速随电压频率的变化而相应改变，这样就实现了对电动机转速的控制和调节。

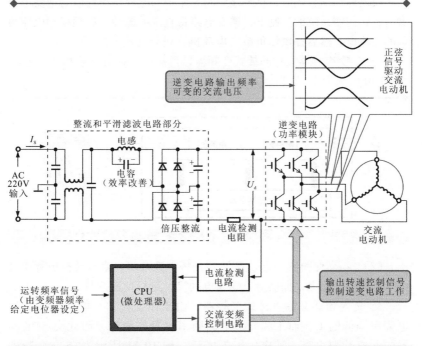

图 10-9　交流变频的工作原理示意图

10.2　变频器

10.2.1　变频器的种类

　　变频器种类很多，其分类方式也是多种多样，可根据需求，按变换方式、按电源性质、按变频控制、按调压方法、按用途等多种方式进行分类。

1. 按变换方式分类

变频器按照变换方式主要分为两类，即交-直-交变频器和交-交变频器。

（1）交-直-交变频器 交-直-交变频器先将工频交流电通过整流单元转换成脉动的直流电，再经过中间电路中的电容平滑滤波为逆变电路供电，在控制系统的控制下，逆变电路将直流电源转换成频率和电压可调的交流电，然后提供给负载（电动机）进行变速控制。

交-直-交变频器又称间接式变频器，目前广泛应用于通用型变频器。图 10-10 所示为交-直-交变频器结构。

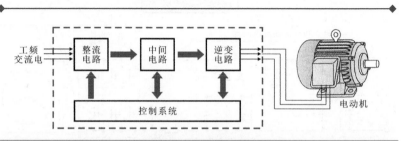

图 10-10 交-直-交变频器结构

（2）交-交变频器 交-交变频器是将工频交流电直接转换成频率和电压可调的交流电，提供给负载（电动机）进行变速控制。

交-交变频器又称直接式变频器，由于该变频器只能将输入交流电频率调低输出，而工频交流电的频率本身就很低，因此交-交变频器的调速范围很窄，其应用也不广泛。图 10-11 所示为交-交变频器结构。

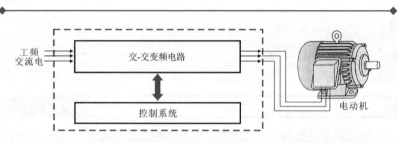

图 10-11 交-交变频器结构

2. 按电源性质分类

按照交-直-交变频器中间电路的电源性质的不同，可将变频器分为两大类，即电压型变频器和电流型变频器。

（1）电压型变频器　电压型变频器的特点是中间电路采用电容器作为直流储能元件，缓冲负载的无功功率。直流电压比较平稳，直流电源内阻较小，相当于电压源，故电压型变频器常用于负载电压变化较大的场合。图 10-12 所示为电压型变频器结构。

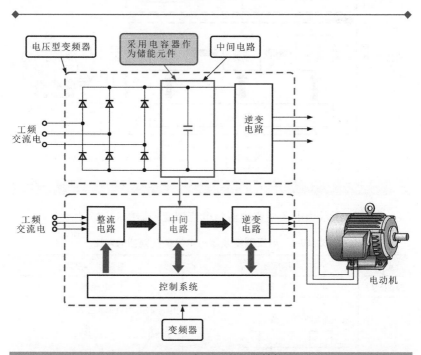

图 10-12　电压型变频器结构

（2）电流型变频器　电流型变频器的特点是中间电路采用电感器作为直流储能元件，用以缓冲负载的无功功率，即扼制电流的变化，使电压接近正弦波，由于该直流内阻较大，可扼制负载电流频繁而急剧的变化，故电流型变频器常用于负载电流变化较大的场合。图 10-13 所示为电流型变频器结构。

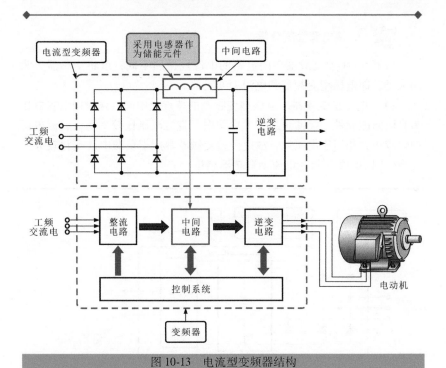

图 10-13　电流型变频器结构

表 10-1 所示为电压型变频器与电流型变频器的对比。

表 10-1　电压型变频器与电流型变频器的对比

特点名称	电压型变频器	电流型变频器
储能元件	电容器	电感器
波形的特点	电压波形为矩形波 矩形波电压 电流波形近似正弦波 基波电流+高次谐波电流	电压波形为近似正弦波 基波电压+换流浪涌电压 电流波形为矩形波 矩形波电流

（续）

特点名称	电压型变频器	电流型变频器
储能元件	电容器	电感器
回路构成上的特点	有反馈二极管 直流电源并联大容量电容器（低阻抗电压源） 电动机四象限运转需要使用变流器	无反馈二极管 直流电源串联大电感电感器（高阻抗电流源） 电动机四象限运转容易
特性上的特点	负载短路时产生过电流 变频器转矩反应较慢 输入功率因数大	负载短路时能抑制过电流 变频器转矩反应快 输入功率因数小
使用场合	电压源型逆变器属恒压源，电压控制响应慢，不易波动，适于做多台电动机同步运行时的供电电源，或单台电动机调速但不要求快速起制动和快速减速的场合	不适用于多电动机传动，但可以满足快速起制动和可逆运行的要求

 3. 按变频控制分类

由于电动机的运行特性，使其对交流电源的电压和频率有一定的要求，变频器作为控制电源，需满足对电动机特性的最优控制，从不同应用目的出发，采用多种变频控制方式。

（1）压/频控制变频器 压/频控制变频器又称 U/f 控制变频器，是通过改变电压实现变频的方式。这种控制方式的变频器控制方法简单、成本较低，被通用型变频器采用，但又由于准确度较低的特性，使其应用领域有一定的局限性。

（2）转差频率控制变频器 转差频率控制变频器又称 SF 控制变频器，它是采用控制电动机旋转磁场频率与转子转速频率之差来控制转矩的方式，最终实现对电动机转速准确度的控制。

SF 控制变频器虽然在控制准确度上比 U/f 控制变频器高。但由于其在工作过程中需要实时检测电动机的转速，使得整个系统的结构较为复杂，导致其通用性较差。图 10-14 所示为 SF 控制变频器控制方式。

（3）矢量控制变频器 矢量控制变频器又称 VC 控制变频器，是通过控制变频器输出电流的大小、频率和相位来控制电动机的转矩，从而控制电动机的转速。

（4）直接转矩控制变频器　直接转矩控制变频器又称 DTC 控制变频器，是目前最先进的交流异步电动机控制方式，非常适合重载、起重、电力牵引、大惯性电力拖动、电梯等设备的拖动。

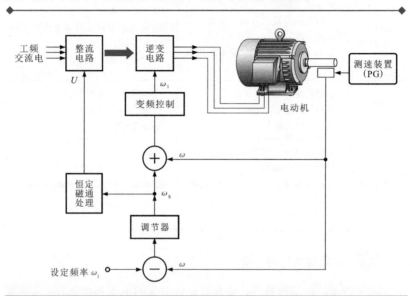

图 10-14　SF 控制变频器控制方式

 4. 按调压方法分类

变频器按照调压方法主要分为两类，即 PAM 变频器和 PWM 变频器。

（1）PAM 变频器　PAM 是英文 Pulse Amplitude Modulation（脉冲幅度调制）的缩写。PAM 变频器是按照一定规律对脉冲列的脉冲幅度进行调制，控制其输出的量值和波形。实际上就是将能量的大小用脉冲的幅度来表示，整流输出电路中增加开关管（IGBT），通过对该 IGBT 的控制改变整流电路输出的直流电压幅度（140~390V），这样变频电路输出的脉冲电压不但宽度可变，而且幅度也可变。图 10-15 所示为 PAM 变频器结构。

（2）PWM 变频器　PWM 是英文 Pulse Width Modulation（脉冲宽度调制）的缩写。PWM 变频器同样是按照一定规律对脉冲列的脉冲宽度进行调制，控制其输出量和波形的。实际上就是将能量的大小用脉冲的宽度来表示，此种驱动方式下，整流电路输出的直流供电电压基本不变，变频器功率模块的输出电压幅度恒定，控制脉冲的宽度受微处理器控制。图 10-16 所示为 PWM 变频器结构。

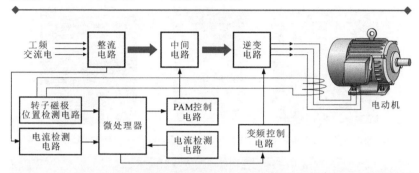

图 10-15　PAM 变频器结构

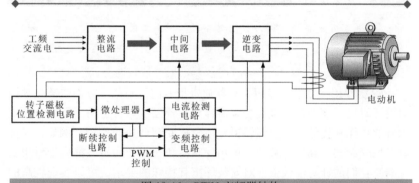

图 10-16　PWM 变频器结构

 5. 按用途分类

变频器按用途可分为通用变频器和专用变频器两大类。

（1）通用变频器　通用变频器是指通用性较强，对其使用的环境没有严格的要求，以简便的控制方式为主。这种变频器的适用范围广，多用于准确度或调速性能要求不高的通用场合，具有体积小、价格低等特点。

随着通用变频器的发展，目前市场上还出现了许多采用转矩矢量控制方式的高性能多功能变频器，其在软件和硬件方面的改进，除具有普通通用变频器的特点外，还具有较高的转矩控制性能，可使用于传动带、升降装置以及机床、电动车辆等对调速系统性能和功能要求较高的许多场合。

图 10-17 所示为几种常见通用变频器的实物外形。

a) 三菱D700型通用变频器　b) 安川J1000型通用变频器　c) 西门子MM420型通用变频器

图 10-17　几种常见通用变频器的实物外形

要点说明

　　通用变频器是指在很多方面具有很强通用性的变频器，该类变频器简化了一些系统功能，并以节能为主要目的，多为中小容量变频器，一般应用于水泵、风扇、鼓风机等对于系统调速性能要求不高的场合。

　　（2）专用变频器　专用变频器通常指专门针对某一方面或某一领域而设计研发的变频器。该类变频器针对性较强，具有适用于所针对领域独有的功能和优势，从而能够更好地发挥变频调速的作用。例如，高性能专用变频器、高频变频器、单相变频器和三相变频器等都属于专用变频器，它们的针对性较强，对安装环境有特殊的要求，可以实现较高的控制效果，但其价格较高。

图 10-18 所示为几种常见专用变频器的实物外形。

　　较常见的专用变频器主要有风机专用变频器、恒压供水（水泵）专用变频器、机床类专用变频器、重载专用变频器、注塑机专用变频器、纺织类专用变频器等。

10.2.2　变频器的功能

　　变频器是一种集起停控制、变频调速、显示及按键设置功能、保护功能等于一体的电动机控制装置，主要用于需要调整转速的设备中，既可以改变输出的电压又可以改变频率（即可改变电动机的转速）。

a) 西门子MM430型
水泵风机专用变频器

b) 风机专用变频器

c) 恒压供水（水泵）
专用变频器

d) NVF1G-JR系列
卷绕专用变频器

e) LB-60GX系列
线切割专用变频器

f) 电梯专用变频器

图 10-18　几种常见专用变频器的实物外形

　　图 10-19 所示为变频器的功能原理图。从图中可以看到，变频器用于将频率一定的交流电源，转换成频率可变的交流电源，从而实现对电动机的起动及对转速进行控制。

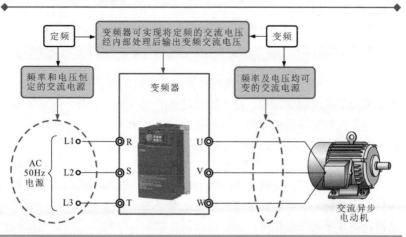

图 10-19　变频器的功能原理图

1. 变频器能够起停控制

变频器收到起动和停止指令后，可根据预先设定的起动和停车方式控制电动机的起动与停机，其主要的控制功能包含变频起动控制、加/减速控制、停机及制动控制等功能。

（1）变频起动功能　电动机的起动控制方式大致可以分为硬起动方式、软起动方式和变频起动方式。

图10-20所示为电动机的硬起动方式。可以看到，电源经开关直接为电动机供电，由于电动机处于停机状态，为了克服电动机转子的惯性，绕组中的电流很大，在大电流作用下，电动机转速迅速上升，在短时间内（小于1s）到达额定转速，在转速为 N_K 时转矩最大。这种情况转速不可调，其起动电流约为运行电流的6~7倍，因而起动时电流冲击很大，对机械设备和电气设备都有较大的冲击。

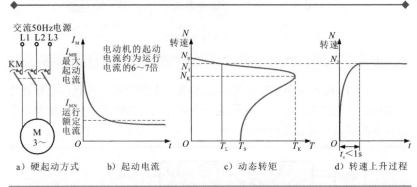

图 10-20　电动机的硬起动方式

图10-21所示为电动机的软起动方式。可以看到，在软起动方式中，由于采用了减压起动方式，使加给电动机的电压缓慢上升，延长了电动机从停机到额定转速的时间，因而起动电流是硬起动方式时冲击电流的1/3~1/2。正常运行状态时的电流与硬起动方式相同。

图10-22所示为电动机的变频起动方式。可以看到，在变频器起动方式中，由于采用的是减压和降频的起动方式，使电动机起动的过程为线性上升过程，因而起动电流只有额定电流的1.2~1.5倍，对电动机对电器设备几乎无冲击作用，而且进入运行状态后会随负载的变化改频频率和电压，从而使转矩随之变化，达到节省能源的最佳效果，这也是变

频驱动方式的优点。

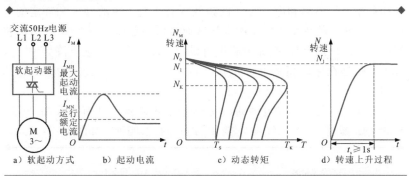

a）软起动方式　　b）起动电流　　c）动态转矩　　d）转速上升过程

图 10-21　电动机的软起动方式

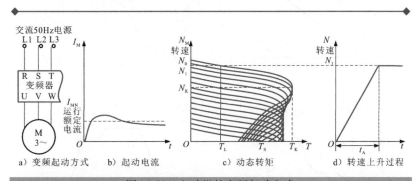

a）变频起动方式　　b）起动电流　　c）动态转矩　　d）转速上升过程

图 10-22　电动机的变频起动方式

变频器的起动频率可在起动之前进行设定，变频器可实现其输出由零直接变化为起动频率对应的交流电压，然后按照其内部加速曲线逐步提高输出频率和输出电压直到设定频率，如图 10-23 所示。

图 10-23　变频器中起动频率的设定

（2）可受控的加/减速功能　在使用变频器对电动机进行控制时，变频器输出的频率和电压可从低频低压加速至额定的频率和额定的电压，或从额定的频率和额定的电压减速至低频低压，而加/减速时的快慢可以由用户选择加/减速方式进行设定，即改变上升或下降频率，其基本原则是在电动机的起动电流允许的条件下，尽可能缩短加/减速时间。

例如，三菱 FR-A700 型通用变频器的加/减速方式有直线加/减速、S 曲线加/减速 A、S 曲线加/减速 B 和齿隙补偿四种，如图 10-24 所示。

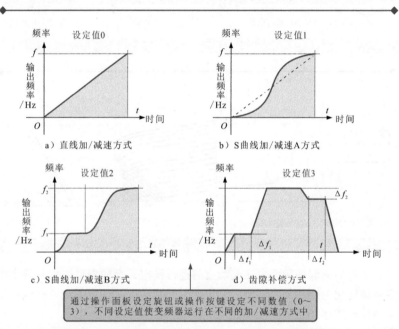

通过操作面板设定旋钮或操作按键设定不同数值（0~3），不同设定值使变频器运行在不同的加/减速方式中

图 10-24　三菱 FR-A700 型通用变频器的加/减速方式

1）直线加/减速方式。直线加/减速是指频率与时间按一定比例变化（该变频器中其设定值为"0"）。在变频器运行模式下，改变频率时，为不使电动机及变频器突然加/减速，使其输出频率直线变化，达到设定频率。

2）S 曲线加/减速 A 方式。S 曲线加/减速 A 方式（该变频器中其设定值为"1"）用于需要在基准频率以上的高速范围内短时间加/减速的场合，如工作机械主轴电动机的驱动系统。

3）S 曲线加/减速 B 方式。S 曲线加/减速 B 方式（该变频器中其设定值为"2"）从 f_2（当前频率）到 f_1（目标频率）提供一个 S 形加/减速曲线，具有缓和加/减速时的振动效果，可防止负载冲击力过大。适用于防止运输机械等的负载冲击太大，如带传送的运输类负载设备中，用来避免货物在运送的过程中滑动。

4）齿隙补偿方式。齿隙补偿方式（该变频器中其设定值为"3"）是指为了避免齿隙，在加/减速时暂时中断加/减速的方式。

齿隙是指电动机在切换旋转方向时或从定速运行转换为减速运行时，驱动齿轮所产生的齿轮间隙。

（3）可受控的停机及制动功能　在变频器控制中，停机及制动方式可以受控，且一般变频器都具有多种停机方式及制动方式进行设定或选择，如减速停机、自由停机、减速停机+制动等，该功能可减少对机械部件和电动机的冲击，从而使整个系统更加可靠。

在变频器中经常使用的制动方式有两种，即直流制动、外接制动电阻制动和制动单元功能，用来满足不同用户的需要。

1）直流制动功能。变频器的直流制动功能是指当电动机的工作频率下降到一定的范围时，变频器向电动机的绕组间接入直流电压，从而使电动机迅速停止转动。在直流制动功能中，用户需对变频器的直流制动电压、直流制动时间以及直流制动起始频率等参数进行设置。

2）外接制动电阻和制动单元。当变频器输出频率下降过快时，电动机将产生回馈制动电流，使直流电压上升，可能会损坏变频器。此时为回馈电路中加入制动电阻和制动单元，将直流回路中的能量消耗掉，以便保护变频器并实现制动。

 2. 变频能够调速

变频器的变频调速功能是其最基本的功能，也是其明显区别于软起动器等控制装置的地方。

通常，交流电动机转速的计算公式为

$$N = \frac{60f_1}{p}$$

式中，N 为电动机转速；f_1 为电源频率；p 为电动机磁极对数（由电动机内部结构决定）。可以看到，电动机的转速与电源频率成正比。

在普通电动机供电及控制电路中，电动机直接由工频电源（50Hz）

供电，即其供电电源的频率 f_1 是恒定不变的，例如，若当交流电动机磁极对数 $p=2$ 时，可知其在工频电源下的转速为

$$N = \frac{60f_1}{p} = \frac{60 \times 50}{2} r/min = 1500r/min$$

而由变频器控制的电动机电路中，变频器可以将工频电源通过一系列的转换使输出频率可变，从而可自动完成电动机的调速控制。目前，多数变频器的调速控制主要有压/频控制方式、转差频率控制方式、矢量控制方式和直接转矩控制方式四种。

（1）压/频控制方式　压/频控制方式又称为 U/f 控制方式，即通过控制逆变电路输出电源频率变化的同时也调节输出电压的大小（即 U 增大则 f 增大，U 减小则 f 减小），从而调节电动机的转速，图 10-25 所示为典型压/频控制电路框图。

采用该类控制方式的变频器多为通用变频器，适用于调速范围要求不高的场合，如风机、水泵的调速驱动电路等。

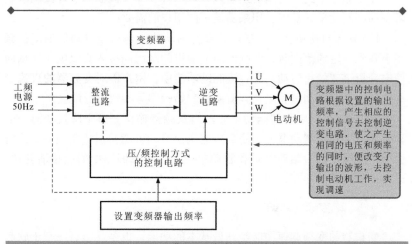

图 10-25　典型压/频控制电路框图

（2）转差频率控制方式　转差频率控制方式又称为 SF 控制方式，该方式采用测速装置来检测电动机的旋转速度，然后与设定转速频率进行比较，根据转差频率去控制逆变电路，图 10-26 所示为转差频率控制方式工作原理示意图。

采用该类控制方式的变频器需要测速装置检出电动机转速，因此多为一台变频器控制一台电动机形式，通用性较差，适用于自动控制

系统。

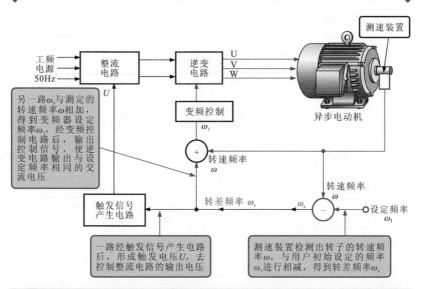

图 10-26　转差频率控制方式工作原理示意图

（3）矢量控制方式　矢量控制方式是一种仿照直流电动机的控制特点，将异步电动机的定子电流在理论上分成两部分：产生磁场的电流分量（磁场电流）和与磁场相垂直、产生转矩的电流分量（转矩电流），并分别加以控制。

该类方式的变频器具有低频转矩大、响应快、机械特性好、控制准确度高等特点。

（4）直接转矩控制方式　直接转矩控制方式又称为 DTC 控制，是目前最先进的交流异步电动机控制方式，该方式不是间接地控制电流、磁链等量，而是把转矩直接作为被控制量来进行变频控制。

目前，该类方式多用于一些大型的变频器设备中，如重载、起重、电力牵引、惯性较大的驱动系统以及电梯等设备中。

 3. 变频器能够显示及进行按键设置

变频器前面板上一般都设有显示屏及操作按键，可用于对变频器各项参数进行设定以及对设定值、运行状态等进行显示。

例如，图 10-27 所示为三菱 FR-DU04 型变频器的显示屏及操作按键部分。从图中可以看到，该变频器的前面板上安装有操作按键、LED显示屏和状态指示灯，通过操作按键便可对各种控制和功能等进行操作，同时通过显示屏和指示灯来观察工作状态。

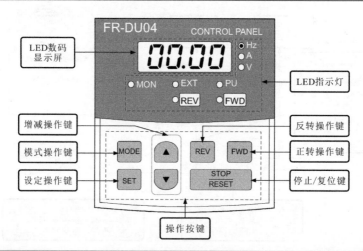

图10-27　典型变频器的显示屏及操作按键部分

 4. 变频器能够实行保护

变频器内部设有保护电路，可实现对其自身及负载电动机的各种异常保护功能，其中主要实现过载保护和防失速保护。

（1）过热（过载）保护功能　变频器的过热（过载）保护即过电流保护或过热保护，在所有的变频器中都配置了电子热保护功能或采用热继电器。过热（过载）保护功能是通过监测负载电动机及变频器本身温度，当变频器所控制的负载惯性过大或因负载过大引起电动机堵转时，其输出电流超过额定值或交流电动机过热时，保护电路动作，使电动机停转，防止变频器及负载电动机损坏。

（2）防失速保护　失速是指当给定的加速时间过短，电动机加速变化远远跟不上变频器的输出频率变化时，变频器将因电流过大而跳闸，运转停止。

为了防止上述失速现象，使电动机正常运转，变频器内部设有防失速保护电路，该电路可检出电流的大小进行频率控制。当加速电流过大时适当放慢加速速率，减速电流过大时适当放慢减速速率，以防出现失速的情况。

另外，变频器内的保护电路可在运行中实现过电流短路保护、过电压保护、冷却风扇过热和瞬时停电保护等，当检测到异常状态后可控制内部电路停机保护。

 5. 变频器能够通信

为了便于通信以及人机交互，变频器上通常设有不同的通信接口，可用于与 PLC 自动控制系统以及远程操作器、通信模块、计算机等进行通信连接，如图 10-28 所示。

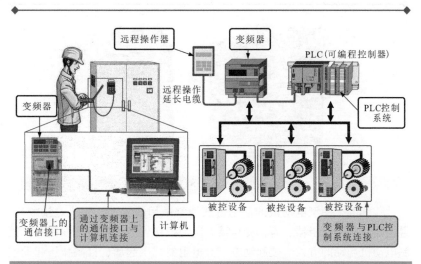

图 10-28　变频器上的通信接口及连接

 6. 变频器的其他功能

变频器作为一种新型的电动机控制装置，除上述功能特点外，还具有运转准确度高、功率因数可控等特点。

无功功率不但会增加线损和设备的发热，更主要的是功率因数的降低会导致电网有功功率的降低，使大量的无功电能消耗在电路当中，使设备的效率低下，能源浪费严重，使用变频调速装置后，由于变频器内部设置了功率因数补偿电路（滤波电容的作用），从而减少了无功损耗，增加了电网的有功功率。

10.3.1 软起动器

软起动器是将电动机的软起动、软停车、轻载节能、多种保护功能等优点集成在一起的一种电动机控制装置，图 10-29 所示为软起动器的实物外形。

图 10-29 软起动器的实物外形

传统的大中型电动机的起动方式通常采用硬起动，即通过接触器、继电器、起动电阻器、自耦变压器、起动按钮、停止按钮等控制部件控制电动机起动的方式。硬起动方式有电阻器减压起动、自耦减压起动或Y-△减压起动等多种方式。

如图 10-30 所示，为电动机Y-△减压起动时各相绕组所承受的电压值，电动机Y-△减压起动是指先由电路控制电动机定子绕组连接成Y联结方式进入减压运行状态，在这种方式中电动机每相定子绕组承受的电压均为220V，待电动机转速达到一定值后，再由电路控制定子绕组换接成△，使电动机每相定子绕组承受的电压为380V，此后电动机进入正常（全压）的运转状态。

如图 10-31 所示，为电动机电阻器减压起动时各相绕组所承受的电压值，电动机电阻器减压起动是指电动机起动时利用串入的电阻器起到减压限流作用，在这种方式中电动机每相定子绕组承受的电压小于380V，待电动机转速达到一定值后，再由电路控制将串联的电阻器短接，使电动机每相定子绕组承受的电压上升为380V，此后电动机进入正常（全压）的运转状态。

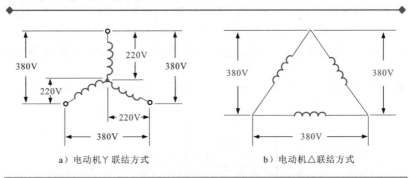

a）电动机丫联结方式　　　　　　b）电动机△联结方式

图 10-30　电动机丫-△减压起动时各相绕组所承受的电压值

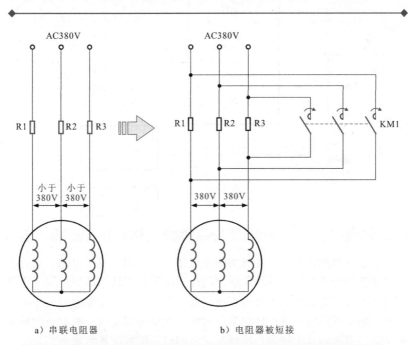

a）串联电阻器　　　　　　　b）电阻器被短接

图 10-31　电动机电阻器减压起动时各相绕组所承受的电压

　　这种传统的减压起动方式可以减小电动机起动时的起动电流，但当电动机转为额定电压下运转时，即电动机绕组上的电压较低的电压上升到全压，电动机的转矩会有一个跳跃，不平滑，因此电动机的每次起动或停机控制都会对电网以及机械设备有一定的冲击。

　　随着技术的不断更新，软起动器已逐渐替代了传统的硬起动方式。软起动器也采用减压起动方式，与传统减压起动方式不同的是软起动器采用无级减压起动，它内置调压装置，在规定的时间内，将电动机的起动电压由零慢慢的提升到额定电压，图 10-32 所示为软起动器的功能原理图。

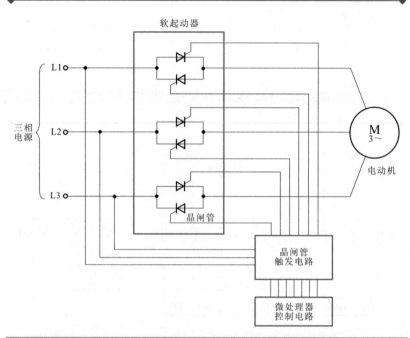

图 10-32　软起动器的功能原理图

　　软起动器内置的调压装置实际上就是一个晶闸管调压电路，通过改变晶闸管的导通角来调节软起动器的输出电压，当软起动器的输出电压逐渐增加时，电动机的速度也逐渐提高，当晶闸管完全导通时，电动机在额定电压下运转。采用软起动器对电动机进行起动时，电动机的转矩会平滑的增大到最大转矩，可减少对电网以及机械设备的冲击。

 1. 软起动器的功能

　　软起动器是将控制功能、保护功能、显示功能、按键设置功能、通信功能集于一体的电动机控制装置。

（1）控制功能　软起动器收到外部的起动、停车指令后，按照预先设定的起动和停车方式对电动机进行控制。

1）起动控制功能。软起动器可根据设备的特点选择不同的起动模式、设置不同的参数，对其电动机进行软起动控制。通常软起动器的起动方式主要有斜坡软起动、阶跃起动、脉冲冲击起动、全电压起动等。

① 斜坡软起动。斜坡软起动的起动方式是在电动机起动的初始阶段将起动电压逐渐增加，当电压达到预先所设定的值后保持恒定，电动机在全压状态下运转。电压变化的速率可根据电动机负载进行调整设定，电压变化速率大，则起动转矩大，起动时间短。图10-33所示为斜坡起动方式的曲线图。

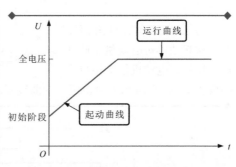

图 10-33　斜坡起动方式的曲线图

② 阶跃起动。阶跃起动是以最短时间，将起动电流迅速达到设定值的起动方式，通过调节斜率，实现快速起动电动机。图 10-34 所示为阶跃起动方式的曲线图。

③ 脉冲冲击起动。脉冲冲击起动是在起动初期，让晶闸管在很短时间内，以较大的电流导通一段时间后再回落，

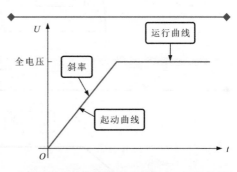

图 10-34　阶跃起动方式的曲线图

然后按照原来设定值呈线性上升，并达到恒流恒速状态。图 10-35 所示为脉冲冲击起动的曲线图。

④ 全压起动。在传统的电动机起动控制中，通过接触器等控制部件控制电动机在全电压状态下直接进行起动，而软起动器也具有该功能，能够快速达到最大的冲击电流和转矩。图 10-36 所示为全电压起动的曲线图。

2）停车控制功能。软起动器可根据设备的特点选择不同的停车模式、设置不同的参数，对其电动机进行停机控制。通常软起动器的停车方式主要有自由停车、软停车和制动停车等。

① 自由停车。自由停车是指软起动器对电动机不施加任何控制，电动机依惯性自由停机。图 10-37 所示为自由停车的曲线图。

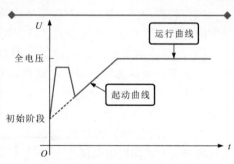

图 10-35　脉冲冲击起动的曲线图

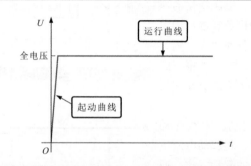

图 10-36　全电压起动的曲线图

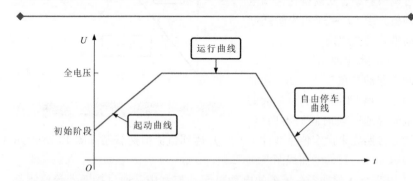

图 10-37　自由停车的曲线图

② 软停车。软停车是指通过调节晶闸管的导通和截止时间逐渐降低电动机的工作电压，使电动机的转速逐渐下降，直至停机，避免了自

由停车引起的转矩冲击。图 10-38 所示为软停车的曲线图。

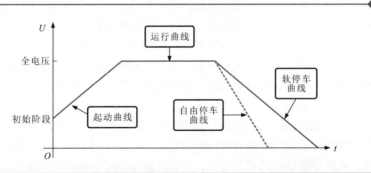

图 10-38　软停车的曲线图

③ 制动停车。制动停车是指在电动机停机时产生一个制动转矩，控制电动机快速减速并停机，缩短了自由停机时产生的惯性。图 10-39 所示为制动停车的曲线图。

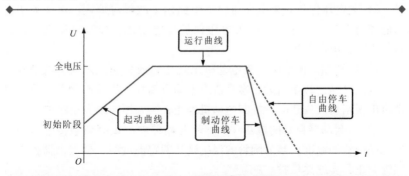

图 10-39　制动停车的曲线图

（2）保护功能　软起动器集成了传统电动机保护电路的功能，如电动机的过热保护、断相保护、欠载保护、过载保护、过电压保护、欠电压保护以及软起动器自身的过热保护等。

1）过热保护。在起动电动机工作后，软起动器会根据额定电流和实际的工作电流计算电动机的温升，当电动机的温度超过预设的极限温度时，软起动器立即切断电路，实施热保护。

有些电动机控制电路采用 PTC 直接热保护，将 PTC 嵌入在电动机的定子绕组上，当绕组温度升高时，PTC 的阻值逐渐增大，对电动机实施热保护。

2）断相保护。当电动机供电电源的某一相较低或断相时，会使三相电流不平衡，当不平衡的电流达到软起动器预设的脱扣级别，且超过脱扣设定的延时后，电动机停止运转，实施断相保护。

3）欠载保护。欠载保护也就是欠电流保护，电动机在全电压状态下工作时，软起动器的欠载保护功能实时监测，若电动机电流突然下降时，超出欠载脱扣的设定范围，且超过脱扣设定的延时后，电动机停止运转，实施欠载保护。

4）过载保护。过载保护也就是过电流保护，电动机在全电压状态下工作时，软起动器的过载保护功能实时监测，当电动机电流突然上升时，超出过载脱扣的设定范围，且超过脱扣设定的延时后，电动机停止运转，实施过载保护。

5）过电压保护。当电动机控制电路的输入电压突然升高，超过软起动器过压脱扣的设定范围，且超过脱扣设定的延时间后，电动机停止运转，实施过电压保护。

6）欠电压保护。当电动机供电电路由于故障等原因，电压大幅度降低或消失时，软起动器的欠电压保护功能动作，控制电动机停止运转，实施欠电压保护。

7）堵转和失速保护。当电动机出现堵转或失速故障时，电动机承受的电流升高，转矩增大，容易造成电动机损坏，当软起动器检测到电动机出现堵转或失速时，控制电动机停止，实施堵转或失速保护。

8）软起动器自身的过热保护。软起动器内部设有热敏传感器用于监视晶闸管的温度，当晶闸管的温度到达额定温度时，软起动器控制晶闸管截止，实施热保护。

为了便于软起动器的良好散热，通常在软起动器中都设有散热风扇，用于散去软起动器工作时内部器件产生的热量，如图10-40所示为软起动器的散热风扇。

（3）显示及按键设置功能　软起动器的显示及按键设置功能是通过软起动器的操作显示面板实现的，如图10-41所示，软起动器的操作显示面板上主要分为LED指示灯、液晶显示屏和操作按键三个模块。

液晶显示屏是人机对话的界面，通过与操作按键进行配合，实现对软起动器的功能设置，以及通过液晶显示屏查看电气参数、负载状况以及运行时间等信息，而LED指示灯则可帮助用户查看软起动器的当前工作状态。

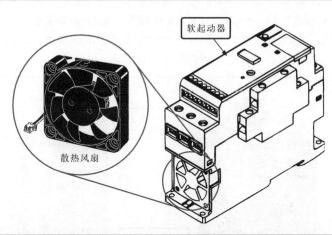

图 10-40　软起动器的散热风扇

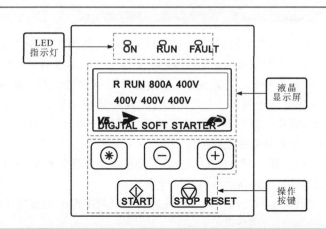

图 10-41　软起动器的操作显示面板

（4）通信功能　为了便于通信以及人机交互，软起动器上通常设有不同的通信接口，用于连接远程操作盘、通信模块、电脑等通信装置。

 2. 软起动器的整机结构

软起动器是将驱动、控制和检测等功能集于一体的控制装置，其可靠性、便捷的性能以及安全性是非常重要的，图 10-42 所示为软起动器的整体结构。

　　在软起动器上设有许多的输入输出端子，如逻辑输入端、逻辑输出端、继电器输出端、模拟输出端、I/O 端等。通过这些端子可实现电动机控制参数的输入输出以及控制指令的输入，对电动机进行不同方式的起停，选择软起动器时应注意它的适应范围。

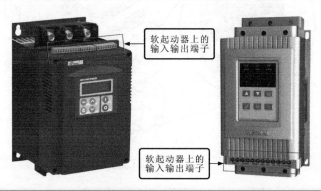

图 10-42　软起动器上的输入输出端子

　　（1）软起动器的外部结构　图 10-43 所示为典型软起动器的外部结构。从图中可以看出软起动器的外部主要由主电路接线端子、控制接线端子、功能设置开关、过载设定刻度盘、运行/出错指示灯等构成。

　　1）主电路接线端子。电源测的主电路接线端子主要用于连接三相供电电源，而负载侧的主电路接线端子主要用于连接电动机，图 10-44 所示为典型软起动器主电路的接线方法。

　　2）复位按钮。复位按钮主要用于软起动器出现各种错误信息或恢复软起动器的出厂默认参数时复位操作。

　　3）过载设定刻度盘。通过旋转过载设定刻度盘上的旋钮可将行程电流设为电动机的满载电流。

　　4）功能设置开关。功能设置开关用于设置软起动器的相关功能，如起动时间、起动模式、过载级选择等。图 10-45 所示为典型软起动器的功能设置开关。

　　5）指示灯。指示灯用于显示软起动器起动前、运行中的状态以及错误信息指示等，不同的软起动器的指示灯显示有所不同。

　　目前大多数的软起动器都是通过操作显示面板上的操作按键、指示灯、液晶显示屏设置来监视软起动器的工作状态，通过液晶显示屏与操作按键的配合，实现对软起动器的功能设置，并通过指示灯观察软起动器的当前工作状态。

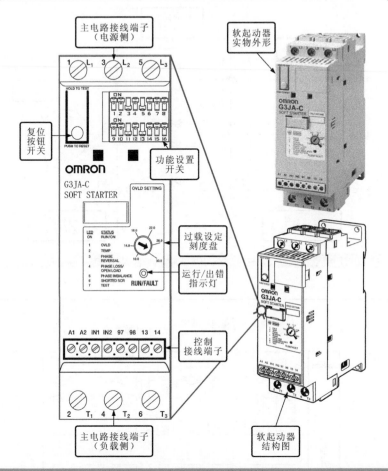

图 10-43　软起动器的外部结构

6）控制接线端子。控制接线端子用于连接软起动器控制信号的输入和输出的部件，通过外接控制元器件控制软起动器的工作方式，软起动器根据输入的控制信号和预先设置的参数值，起动负载设备工作；当负载设备起动完成后，由起动完成输出端子和旁路控制端子输出信号，起动旁路接触器工作，为电动机正常运行提供额定电压；当负载设备运转出现故障时，软起动器的故障输出端子输出控制信号，起动报警装置工作，图 10-46 所示为典型软起动器的控制接线端子。

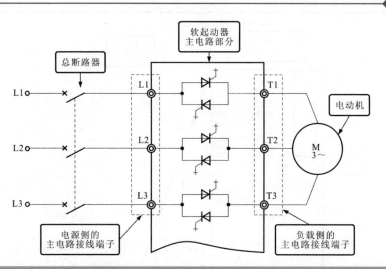

图 10-44　软起动器主电路的接线方法

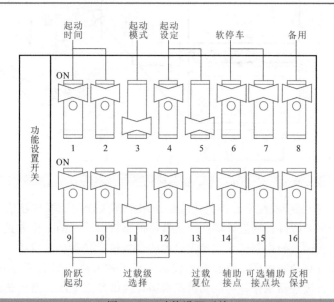

图 10-45　功能设置开关

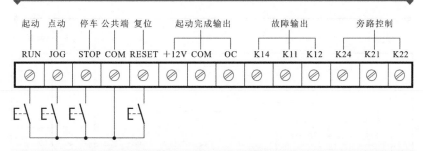

图 10-46 典型软起动器的控制接线端子

（2）软起动器的内部结构　图 10-47 所示为典型软起动器的内部结构。从图中可以看出软起动器内部主要由低压控制电路板、高压控制电路板、晶闸管调压电路以及风扇等构成。高压控制电路板为晶闸管调压电路提供触发信号，通过改变晶闸管的导通角来调节软起动器的输出电压；而低压控制电路板上设有许多的输入、输出端子，用于参数及控制指令的输入，对电动机进行不同方式的起停控制；风扇电机用于驱动风扇旋转，来散发软起动器内部产生的热量。

图 10-48 所示为软起动器的内部框图以及引脚图。由图中可知，三相电源经总断路器 QF 送入软起动器的 R、S、T 三个输入端；U、V、W 输出端接电动机；而 KM 为旁路接触器，用于电动机起动后代替软起动器为电动机提供正常的额定电压；过热保护继电器 FR 连接在旁路接触器 KM 的回路中，用于电动机运行时的过热保护；远程控制输入端分为起动、停车、自由停车、复位、点动等；可编程输出端分为延时继电器输出、旁路接触器输出、故障继电器输出；此外还有电流表输出端和 RS-485 串口通信。

3. 软起动器的应用

软起动器是一种对不同的负载设备进行起停控制的装置，在工农业生产中，产品的加工、组装、运输等大量的工作都由电动机来提供动力，而电动机的重载起停、频繁起停、快速起停等不同的起动和停机要求，会对电动机带来不同程度的危害，从而缩短电动机的使用寿命，而选用软起动器对电动机进行控制克服了传统起动的不足，减小了对电动机的损害，使电动机适用于不同的工作场合，从而来实现不同的功能。图 10-49 所示为典型软起动器在实际中的应用。

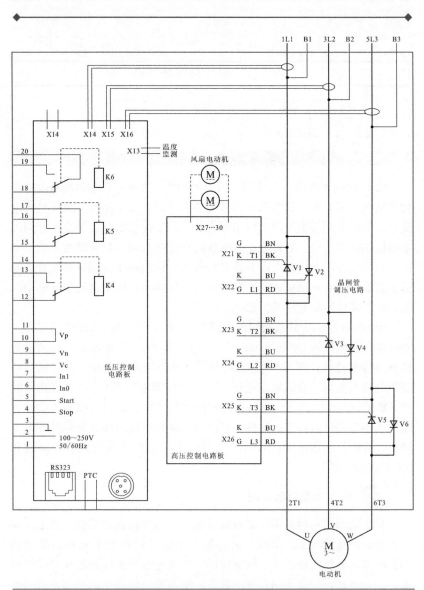

图 10-47　典型软起动器的内部结构

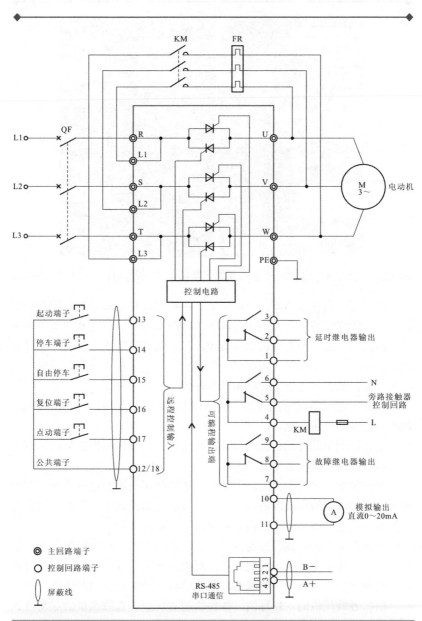

图 10-48   软起动器的内部框图以及引脚图

图 10-49　典型软起动器在实际中的应用

　　从图可看出软起动器、控制开关、旁路交流接触器等都安装在控制箱内，电源线经控制开关后连接软起动器的输入端，通过软起动器的一些控制设置，去控制电动机的起动和停机，电动机工作后带动机械设备正常工作，如带动泵类、压缩机、升降机、电梯、离心机、鼓风机、压碎机、搅拌机、传送带等的机械设备进行工作。

　　（1）软起动器的应用实例　图 10-50 所示为软起动器在污水处理厂鼓风机房中的应用实例。

　　主站控制中的可编程控制器通过网络与三台鼓风机组的分站控制中的可编程控制器进行数据交换。

　　主站控制中的可编程控制器用于实现对鼓风机组的远程控制、数据调节、实时监控鼓风机组的运行状态、接收分站控制中可编程控制器上传的控制信息、控制分站控制中可编程控制器的工作。

　　分站控制中的可编程控制器按照主站控制中的可编程控制器为软起动器提供工作指令，电源经软起动器对电动机进行起动控制，并随时监视并控制单台鼓风机的运行状态、显示单台鼓风机运行的参数等。

　　根据各鼓风机的工作环境，在各软起动器中设置鼓风机的起动方式和停机方式以及各参数，当软起动器接收到可编程控制器的控制指令后，根据预先设定鼓风机起动方式和停机方式对单台鼓风机进行起动和停机控制。

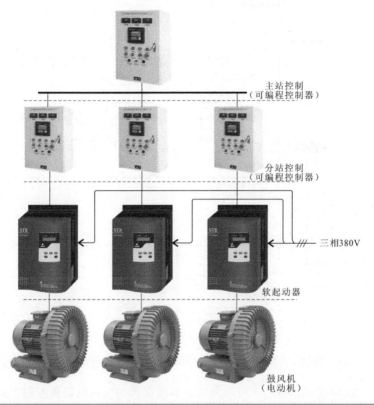

主站控制
（可编程控制器）

分站控制
（可编程控制器）

三相380V

软起动器

鼓风机
（电动机）

图 10-50　软起动器在污水处理厂鼓风机房中的应用实例

（2）软起动器的应用电路　图 10-51 所示为软起动器在锅炉风机电动机控制中的应用电路。

总断路器 QF 用于接通锅炉风机系统的供电；转换开关 SA1 用于选择电动机的起动方式（直接起动或软起动）；交流接触器 KM1 用于接通电动机的供电回路；直接起动交流接触器 KM2 用于电动机直接起动控制；旁路交流接触器用于电动机起动后代替软起动器为电动机正常运转提供额定电压，降低软起动器的热损耗，延长软起动器的使用寿命，提高工作效率；软起动器用于对电动机不同的起动和停机方式进行设定和控制。

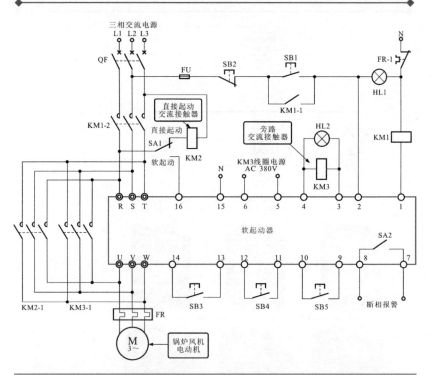

图 10-51 软起动器在锅炉风机电动机控制中的应用电路

图 10-52 和图 10-53 所示为软起动器在锅炉风机电动机控制中的控制过程。

将转换开关 SA1 拨至软起动位置，合上总断路器 QF，接通锅炉控制系统的供电，按下起动按钮 SB1，交流接触器 KM1 线圈得电，常开辅助触点 KM1-1 闭合自锁，常开主触点 KM1-2 闭合，接通软起动器的三相电源，软起动器根据预先设定的起动方式对锅炉风机电动机进行起动控制。

当锅炉风机电动机起动过程完成后电动机进入全速状态，由软起动器控制旁路交流接触器 KM3 线圈得电，常开主触点 KM3-1 闭合，三相电源经闭合的常开主触点 KM3-1 为锅炉风机电动机供电，为电动机正常运行提供额定电压，代替软起动器，从而降低了软起动器的损耗。

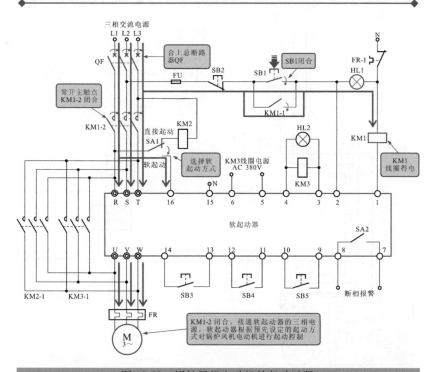

图 10-52   锅炉风机电动机的起动过程

10.3.2   软起动控制

图 10-54 所示为西普 STR 软起动器起动两台三相交流电动机的控制电路。该控制电路是由一台软起动器带动两台三相交流电动机运转，但两台三相交流电动机不能同时起动，而是起动其中一台三相交流电动机运转，而另一台三相交流电动机则作为备用。

❶ 合上总断路器 QF，接通三相电源。

◆ 三相交流电动机的软起动过程

❷ 按下起动按钮 SB2。

❸ 交流接触器 KM1 线圈得电。

    ❸-¹ 常开主触点 KM1-1 闭合，为三相交流电动机 M1 的起动做好准备。

    ❸-² 常开辅助触点 KM1-2 闭合，实现自锁功能。

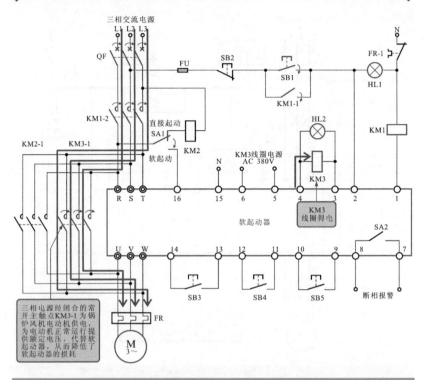

图 10-53　锅炉风机电动机正常运行过程

③₂ 常闭辅助触点 KM1-3 断开，防止 KM2 线圈得电，起联锁保护作用。

③₃ 常开辅助触点 KM1-4 闭合，为 KM3 线圈得电做好准备。

③₄ 常闭辅助触点 KM1-5 断开，切断软起动器的停机回路。

③₄ 常开辅助触点 KM1-6 闭合，为软起动器的起动做好准备。

④ 按下起动按钮 SB5，软起动器接收到起动指令。

⑤ 软起动器控制晶闸管导通角的大小，使调压电路输出的电压逐渐上升。

⑥ 随着起动电压的逐渐上升，三相交流电动机 M1 的转速逐渐提高，软起动完成。

◆ 三相交流电动机由起动到运行的工作过程

⑦ 当晶闸管调压电路中的晶闸管全部导通时，软起动器输出电压

达全压状态，起动工作完成。

⑧ 软起动器控制旁路输出继电器 K 线圈得电，常开触点 K-1 闭合。

⑧ → ⑨ 旁路交流接触器 KM3 线圈得电。

⑨₁ 常开主触点 KM3-1 闭合，接通三相电源，代替软起动器为三相交流电动机 M1 正常运行提供额定电压，三相交流电动机 M1 进入正常运行状态。

⑨₂ 常开辅助触点 KM3-2 闭合，实现自锁功能。

⑨₃ 常开辅助触点 KM3-3 闭合，时间继电器 KT1 线圈得电，进入软起动器的待机延时状态。

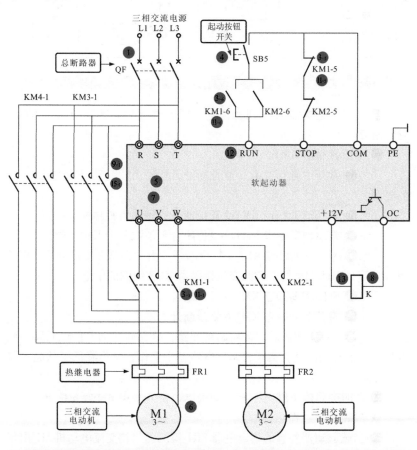

图 10-54　西普 STR 软起动器起动两台三相交流电动机的控制电路

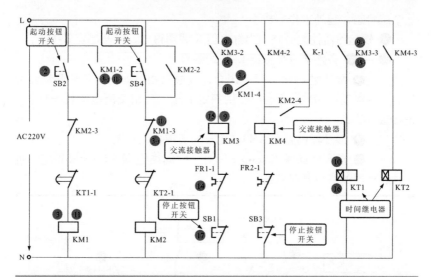

图 10-54   西普 STR 软起动器起动两台三相交流电动机的控制电路（续）

⑩ 当时间继电器 KT1 到达预定的延时时间后，其常闭触点 KT1-1 延时断开。

⑪ 交流接触器 KM1 线圈失电。

⑪₁ 常开主触点 KM1-1 复位断开，切断由软起动器为电动机 M1 的电源。

⑪₂ 常开辅助触点 KM1-2 复位断开，解除自锁功能。

⑪₃ 常闭辅助触点 KM1-3 复位闭合，解除联锁保护功能。

⑪₄ 常开辅助触点 KM1-4 复位断开，由于旁路交流接触器 KM3-2 闭合自锁，因此无法切断旁路交流接触器 KM3 线圈的供电。

⑪₅ 常闭辅助触点 KM1-5 复位闭合。

⑪₆ 常开辅助触点 KM1-6 复位断开。

⑪₆ → ⑫ 切断软起动器起动回路，接通软起动器停机回路，此时软起动器控制晶闸管截止，调压电路停止工作，从而降低了软起动器的热损耗。

⑬ 此时旁路输出继电器 K 线圈失电，常开触点 K-1 复位断开。

◆ 故障控制过程

⑭ 当软起动器外置的热继电器 FR1 检测到三相交流电动机 M1 出现过载、断相、电流不平衡以及过热故障时，热继电器 FR1 动作，常闭触

点 FR1-1 断开。

⑭ → ⑮ 旁路交流接触器 KM3 线圈失电。

⑮₁ 常开主触点 KM3-1 复位断开，切断三相交流电动机 M1 正常运行的供电电源，三相交流电动机 M1 依惯性停止运转。

⑮₂ 常开辅助触点 KM3-2 复位断开，解除自锁功能。

⑮₃ 常开辅助触点 KM3-3 复位断开。

⑮₃ → ⑯ 时间继电器 KT1 线圈失电，常闭触点 KT1-1 复位闭合，为三相交流电动机 M1 下一次的起动做好准备。

⑰ 当需要电动机 M1 停车时，按下停止按钮 SB1，KM3 线圈失电。

第 11 章

PLC 控制

11.1 PLC 的特点

11.1.1 PLC 的种类

目前，PLC 在全世界的工业控制中被大范围采用。PLC 的生产厂家不断涌现，推出的产品种类繁多，功能各具特色。其中，美国的 AB 公司、通用电气公司，德国的西门子公司，法国的 TE 公司，日本的欧姆龙、三菱、富士等公司，都是目前市场上非常主流且极具有代表性的生产厂家。目前国内也自行研制、开发、生产出许多小型 PLC，应用于更多的有各类需求的自动化控制系统中。

在世界范围内（包括国内市场），西门子、三菱、欧姆龙、松下的产品占有率较高、普及应用较广，下面将大致介绍这些典型 PLC 相关产品信息。

 1. 西门子 PLC

德国西门子（SIEMENS）公司的 PLC 系列产品在中国的推广较早，在很多的工业生产自动化控制领域都曾有过经典的应用。从某种意义上说，西门子系列 PLC 决定了现代可编程序控制器的发展方向。

西门子公司为了满足用户的不同要求，推出了多种 PLC 产品，这里主要以西门子 S7 类 PLC（包括 S7-200 系列、S7-300 系列和 S7-400 系列）产品为例介绍。

西门子 S7 类 PLC 产品主要有 PLC 主机（CPU 模块）、电源模块（PS）、信号模块（SM）、通信模块（CP）、功能模块（FM）、接口模块

（IM）等部分，如图11-1所示。

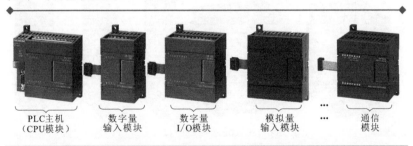

| PLC主机
（CPU模块） | 数字量
输入模块 | 数字量
I/O模块 | 模拟量
输入模块 | ··· | 通信
模块 |

图11-1　典型西门子PLC的实物外形

（1）PLC主机　PLC的主机（也称CPU模块）是将CPU、基本输入/输出和电源等集成封装在一个独立、紧凑的设备中，从而构成了一个完整的微型PLC系统。因此，该系列的PLC主机可以单独构成一个独立的控制系统，并实现相应的控制功能。

图11-2所示为几种典型西门子PLC主机的实物外形。

相关资料

西门子S7-200系列PLC主机的CPU包括多种型号，主要有CPU221、CPU222、CPU224、CPU224XP/CPUXPsi、CPU226等几种。

西门子S7-300系列PLC常见的CPU型号主要有CPU313、CPU314、CPU315/CPU315-2DP、CPU316-2DP、CPU312IFM、CPU312C、CPU313C、CPU315F等。

西门子S7-400系列PLC常见的CPU型号主要有CPU412-1、CPU413-1/413-2、CPU414-1/414-2DP、CPU416-1等。

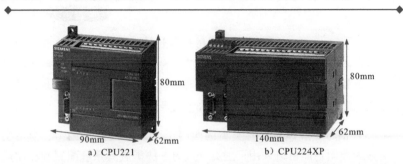

a）CPU221　　　　　　b）CPU224XP

图11-2　几种典型西门子PLC主机的实物外形

c) CPU312C   d) CPU313C-2DP   e) CPU412-1   f) CPU414-1   g) CPU416-1

图 11-2   几种典型西门子 PLC 主机的实物外形（续）

（2）电源模块（PS）   电源模块是指由外部为 PLC 供电的功能单元，在西门子 S7-300 系列、西门子 S7-400 系列中比较多见，图 11-3 所示为几种西门子 PLC 电源模块实物外形。

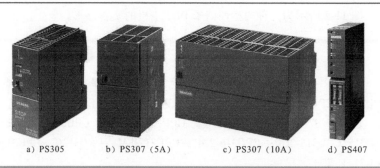

a) PS305   b) PS307（5A）   c) PS307（10A）   d) PS407

图 11-3   几种西门子 PLC 电源模块实物外形

相关资料

不同型号的 PLC 所采用的电源模块不相同，西门子 S7300 系列 PLC 采用的电源模块主要有 PS305 和 PS307 两种，西门子 S7400 系列 PLC 采用的电源模块主要有 PS405 和 PS407 两种。不同类型的电源模块，其供电方式也不相同，可根据产品附带的参数表了解。

（3）信号扩展模块   各类型的西门子 PLC 在实际应用中，为了实现更强的控制功能可以采用扩展 I/O 点的方法扩展其系统配置和控制规模，其中各种扩展用的 I/O 模块统称为信号扩展模块（SM）。不同类型的 PLC 所采用的信号扩展模块不同，但基本都包含了数字量扩展模块和模拟量扩展模块两种。

图 11-4 所示为典型数字量扩展模块和模拟量扩展模块实物外形。

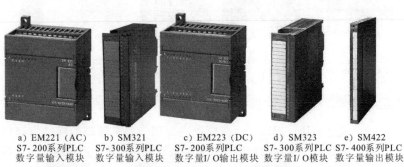

a) EM221（AC） S7-200系列PLC 数字量输入模块	b) SM321 S7-300系列PLC 数字量输入模块	c) EM223（DC） S7-200系列PLC 数字量I/O输出模块	d) SM323 S7-300系列PLC 数字量I/O模块	e) SM422 S7-400系列PLC 数字量输出模块

f) EM232 S7-200系列PLC 模拟量输入模块	g) EM235 S7-200系列PLC 模拟量I/O模块	h) SM334 S7-300系列PLC 模拟量I/O模块	i) SM431 S7-400系列PLC 模拟量输入模块

图 11-4　典型数字量扩展模块和模拟量扩展模块实物外形

西门子各系列 PLC 中除本机集成的数字量 I/O 端子外，还可连接数字量扩展模块（DI/DO）用以扩展更多的数字量 I/O 端子。

在 PLC 的数字系统中，不能输入和处理连续的模拟量信号，但在很多自动控制系统所控制的量为模拟量，因此为使 PLC 的数字系统可以处理更多的模拟量，除本机集成的模拟量 I/O 端子外，还可连接模拟量扩展模块（AI/AO）用以扩展更多的模拟量 I/O 端子。

（4）通信模块（CP）　西门子 PLC 有很强的通信功能，除其 CPU 模块本身集成的通信接口外，还扩展连接通信模块，用以实现 PLC 与 PLC 之间、PLC 与计算机之间、PLC 与其他功能设备之间的通信。

图 11-5 所示为西门子 S7 系列常用的通信模块实物外形。不同型号的 PLC 可扩展不同类型或型号的通信模块，用以实现强大的通信功能。

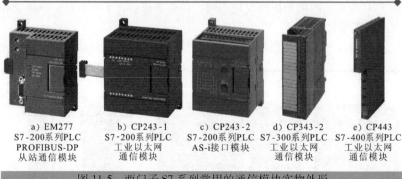

a) EM277
S7-200系列PLC
PROFIBUS-DP
从站通信模块

b) CP243-1
S7-200系列PLC
工业以太网
通信模块

c) CP243-2
S7-200系列PLC
AS-i接口模块

d) CP343-2
S7-300系列PLC
工业以太网
通信模块

e) CP443
S7-400系列PLC
工业以太网
通信模块

图11-5　西门子S7系列常用的通信模块实物外形

（5）功能模块（FM）　功能模块主要用于要求较高的特殊控制任务，西门子PLC中常用的功能模块主要有计数器模块、进给驱动位置控制模块、步进电动机定位模块、伺服电动机定位模块、定位和连续路径控制模块、闭环控制模块、称重模块、位置输入模块和超声波位置解码器等。

图11-6所示为西门子S7系列常用的功能模块实物外形。

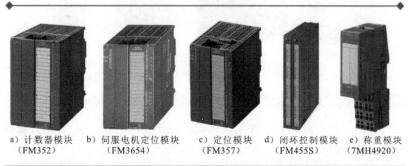

a) 计数器模块
（FM352）

b) 伺服电机定位模块
（FM3654）

c) 定位模块
（FM357）

d) 闭环控制模块
（FM455S）

e) 称重模块
（7MH4920）

图11-6　西门子S7系列常用的功能模块实物外形

（6）接口模块（IM）　接口模块用于组成多机架系统时连接主机架（CR）和扩展机架（ER），多应用于西门子S7-300/400系列PLC系统中。

图11-7所示为西门子S7-300/400系列常用的接口模块实物外形。

相关资料

不同类型的接口模块功能特点和规格也不相同，各接口模块的特点及规格见表11-1。

<table>
a）IM360
S7-300系列PLC
多机架扩展接口模块 | b）IM361
S7-300系列PLC
多机架扩展接口模块 | c）IM460
S7-400系列PLC
中央机架发送接口模块
</table>

图 11-7　西门子 S7-300/400 系列常用的接口模块实物外形

表 11-1　各接口模块的特点及规格

PLC 系列及接口模块		特点及应用	
S7-300	IM365	专用于 S7-300 的双机架系统扩展，IM365 发送接口模块安装在主机架中；IM365 接收模块安装在扩展机架中，两个模块之间通过 368 连接电缆连接	
	IM360 IM361	IM360 和 IM361 接口模块必须配合使用，用于 S7-300 的多机架系统扩展。其中，IM360 必须安装在主机架中；IM361 安装在扩展机架中，通过 368 电缆连接	
S7-400	IM460-X	用于中央机架的发送接口模块	IM460-0 与 IM461-0 配合使用，属于集中式扩展，最大距离 3m
			IM460-1 与 IM461-1 配合使用，属于集中式扩展，最大距离 1.5m
	IM461-X	用于扩展机架的接收接口模块	IM460-3 与 IM461-3 配合使用，属于分布式扩展，最大距离 100m
			IM460-4 与 IM461-4 配合使用，属于分布式扩展，最大距离 605m

（7）其他扩展模块　西门子 PLC 系统中，除上述的基本组成模块和扩展模块外，还有一些其他功能的扩展模块，该类模块一般作为一系列 PLC 专用的扩展模块。

例如，热电偶或热电阻扩展模块（EM231），该模块是专门与 S7-200（CPU224、CPU224XP、CPU226、CPU226XM）PLC 匹配使用的，它是一种特殊的模拟量扩展模块，可以直接连接热电偶（TC）或热电阻（RTD）以测量温度。该温度值可通过模拟量通道直接被用户程序访问。

2. 三菱 PLC

三菱公司为了满足各行各业不同的控制需求，推出了多种系列型号的 PLC，如 Q 系列、AnS 系列、QnA 系列、A 系列和 FX 系列等，如图 11-8 所示。

a) 三菱Q系列PLC　　b) 三菱QnA系列PLC　　c) 三菱FX系列PLC

图 11-8　三菱各系列型号的 PLC

同样，三菱公司为了满足用户的不同要求，也在 PLC 主机的基础上，推出了多种 PLC 产品，这里主要以三菱 FX 系列 PLC 产品为例进行介绍。

三菱 FX 系列 PLC 产品中，除了 PLC 基本单元（相当于上述的 PLC 主机）外，还包括扩展单元、扩展模块以及特殊功能模块等，这些产品可以结合构成不同的控制系统，如图 11-9 所示。

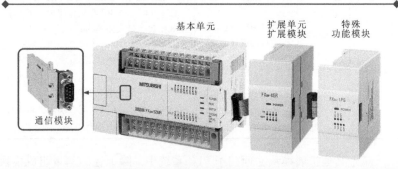

图 11-9　三菱 FX 系列 PLC 产品

（1）基本单元　三菱 PLC 的基本单元是 PLC 的控制核心，也称为主单元，主要由 CPU、存储器、输入接口、输出接口及电源等构成，是 PLC 硬件系统中的必选单元。

图 11-10 所示为三菱 FX$_{2N}$ 系列 PLC 的基本单元实物外形。它是 FX 系列中最为先进的系列，其 I/O 点数在 256 点以内。

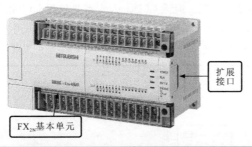

图 11-10　三菱 FX$_{2N}$ 系列 PLC 的基本单元

　　三菱 FX$_{2N}$ 系列 PLC 的基本单元主要有 25 种产品类型，每一种类型的基本单元通过 I/O 扩展单元都可扩展到 256 个 I/O 点，根据其电源类型的不同 25 种类型的 FX$_{2N}$ 系列 PLC 基本单元可分为交流电源和直流电源两大类。表 11-2 所列为三菱 FX$_{2N}$ 系列 PLC 基本单元的类型及 I/O 点数。

表 11-2　三菱 FX$_{2N}$ 系列 PLC 基本单元的类型及 I/O 点数

AC 电源、24V 直流输入				
继电器输出	晶体管输出	晶闸管输出	输入点数	输出点数
FX$_{2N}$-16MR-001	FX$_{2N}$-16MT-001	FX$_{2N}$-16MS-001	8	8
FX$_{2N}$-32MR-001	FX$_{2N}$-32MT-001	FX$_{2N}$-32MS-001	16	16
FX$_{2N}$-48MR-001	FX$_{2N}$-48MT-001	FX$_{2N}$-48MS-001	24	24
FX$_{2N}$-64MR-001	FX$_{2N}$-64MT-001	FX$_{2N}$-64MS-001	32	32
FX$_{2N}$-80MR-001	FX$_{2N}$-80MT-001	FX$_{2N}$-80MS-001	40	40
FX$_{2N}$-128MR-001	FX$_{2N}$-128MT-001	—	64	64

DC 电源、24V 直流输入			
继电器输出	晶体管输出	输入点数	输出点数
FX$_{2N}$-32MR-D	FX$_{2N}$-32MT-D	16	16
FX$_{2N}$-48MR-D	FX$_{2N}$-48MT-D	24	24
FX$_{2N}$-64MR-D	FX$_{2N}$-64MT-D	32	32
FX$_{2N}$-80MR-D	FX$_{2N}$-80MT-D	40	40

　　（2）扩展单元　扩展单元是一个独立的扩展设备，通常接在 PLC 基

本单元的扩展接口或扩展插槽上,用于增加 PLC 的 I/O 点数及供电电流的装置,内部设有电源,但无 CPU,因此需要与基本单元同时使用。当扩展组合供电电流总容量不足时,就必须在 PLC 硬件系统中增设扩展单元进行供电电流容量的扩展。图 11-11 所示为三菱 FX$_{2N}$ 系列 PLC 的扩展单元。

图 11-11　三菱 FX$_{2N}$ 系列 PLC 的扩展单元

提示

三菱 FX$_{2N}$ 系列 PLC 的扩展单元主要有 6 种类型,根据其输出类型的不同,6 种类型的 FX$_{2N}$ 系列 PLC 扩展单元可分为继电器输出和晶体管输出两大类。表 11-3 所列为三菱 FX$_{2N}$ 系列 PLC 扩展单元的类型及 I/O 点数。

表 11-3　三菱 FX$_{2N}$ 系列 PLC 扩展单元的类型及 I/O 点数

继电器输出	晶体管输出	I/O 点总数	输入点数	输出点数	输入电压	类型
FX$_{2N}$-32ER	FX$_{2N}$-32ET	32	16	16		
FX$_{2N}$-48ER	FX$_{2N}$-48ET	48	24	24	24V 直流	漏型
FX$_{2N}$-48ER-D	FX$_{2N}$-48ET-D	48	24	24		

(3)扩展模块　三菱 PLC 的扩展模块是用于增加 PLC 的 I/O 点数及改变 I/O 比例的装置,内部无电源和 CPU,因此需要与基本单元配合使用,并由基本单元或扩展单元供电,如图 11-12 所示。

要点说明

三菱 FX$_{2N}$ 系列 PLC 的扩展模块主要有三种类型,分别为 FX$_{2N}$-16EX、FX$_{2N}$-16EYT、FX$_{2N}$-16EYR,其各类型扩展模块的类型及 I/O 点数见表 11-4。

表 11-4　三菱 FX$_{2N}$ 系列 PLC 扩展模块的类型及 I/O 点数

型号	I/O 点总数	输入点数	输出点数	输入电压	输入类型	输出类型
FX$_{2N}$-16EX	16	16	—	24V 直流	漏型	—
FX$_{2N}$-16EYT	16	—	16	—	—	晶体管
FX$_{2N}$-16EYR	16	—	16	—	—	继电器

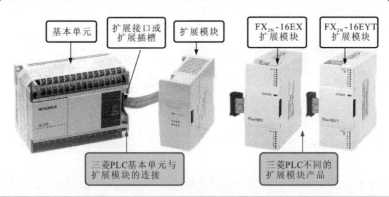

图 11-12　扩展模块

（4）特殊功能模块　特殊功能模块是 PLC 中的一种专用的扩展模块，如模拟量 I/O 模块、通信扩展模块、温度控制模块、定位控制模块、高速计数模块、热电偶温度传感器输入模块、凸轮控制模块等。

图 11-13 所示为几种特殊功能模块的实物外形，可以根据实际需要有针对性地对某种特殊功能模块产品进行详细了解，这里不再一一介绍。

 3. 松下 PLC

松下 PLC 是目前国内比较常见的 PLC 产品之一，其功能完善，性价比较高，图 11-14 所示为松下 PLC 不同系列产品的实物外形图。松下 PLC 可分为小型的 FP-X、FP0、FP1、FP Σ、FP-e 系列产品；中型的 FP2、FP2SH、FP3 系列；大型的 EP5 系列等。

松下 PLC 的主要功能特点如下：

1）具有超高速处理功能，处理基本指令只需 0.32μs，还可快速扫描。

a）模拟量输出模块　b）RS-485通信扩展板　c）FX$_{3U}$-422-BD　d）脉冲输出模块
FX$_{2N}$-4DA　　　　FX$_{2N}$-485-BD　　　通信扩展板　　　FX$_{2N}$-1PG
　　　　　　　　　　　　　　　　　　嵌入位置

e）FX$_{2NC}$-232-ADP　f）定位控制模块　g）高速计数模块　h）热电偶温度传　i）凸轮控制模块
通信适配器模块　　FX$_{2N}$-10GM　　FX$_{2N}$-1HC　　感器输入模块　　FX$_{2N}$-1RM
　　　　　　　　　　　　　　　　　　　　　　　　FX$_{2N}$-4AD-TC

图 11-13　几种特殊功能模块产品的实物外形

a) 松下EP-X系列的PLC　　　　　b) 松下FP系列的PLC

图 11-14　松下系列的 PLC 实物外形图

2）程序容量大，容量可达到 32k 步。

3）具有广泛的扩展性，I/O 最多为 300 点，还可通过功能扩展插件、扩展 FP0 适配器，使扩展范围更进一步扩大。

4）可靠性和安全性保证，8 位密码保护和禁止上传功能，可以有效地保护系统程序。

5）通过普通 USB 电缆线（AB 型）即可与计算机实现连接。

6）部分产品具有指令系统，功能十分强大。

7）部分产品采用了可以识别 FP-BASIC 语言的 CPU 及多种智能模块，可以设计十分复杂的控制系统。

8）FP 系列都配置通信机制，并且使用的应用层通信协议具有一致性，可以设计多级 PLC 网络控制系统。

 4. 欧姆龙 PLC

日本欧姆龙（OMRON）公司的 PLC 较早进入中国市场，开发了最大的 I/O 点数在 140 点以下的 C20P、C20 等微型 PLC；最大 I/O 点数在 2048 点的 C2000H 等大型 PLC。图 11-15 所示为欧姆龙 PLC 系列产品的实物外形图，该公司产品被广泛用于自动化系统设计的产品中。

a) 欧姆龙CP1H系列的PLC   b) 欧姆龙CP1L系列的PLC

c) 欧姆龙PLC5系列的PLC   d) 欧姆龙C200H系列的PLC

图 11-15 欧姆龙的 PLC 产品实物外形

欧姆龙公司对可编程序逻辑控制器及其软件的开发有自己的特殊风格。例如，C2000H 大型 PLC 是将系统存储器、用户存储器、数据存储器和实际的输入输出接口、功能模块等，统一按绝对地址形式组成系统。它把数据存储和电器控制使用的术语合二为一。命名数据区为 I/O 继电器、内部负载继电器、保持继电器、专用继电器、定时器/计数器。

11.1.2 PLC 的结构

PLC 的全称是可编程序逻辑控制器，是在继电器、接触器控制和计算机技术的基础上，逐渐发展起来的以微处理器为核心，集微电子技术、自动化技术、计算机技术、通信技术为一体，以工业自动化控制为目标的新型控制装置。图 11-16 所示为典型 PLC 的实物外形。

图 11-16　典型 PLC 的实物外形

图 11-17 所示为典型西门子 PLC 拆开外壳后的内部结构图。PLC 内部主要由三块电路板构成，分别是 CPU 电路板、输入/输出接口电路板和电源电路板。

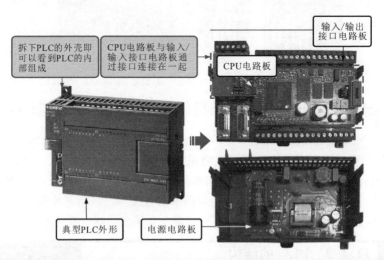

图 11-17　典型西门子 PLC 拆开外壳的结构图（西门子 S7-200 系列 PLC）

1. CPU 电路板

CPU 电路板主要用于完成 PLC 的运算、存储和控制功能。图 11-18 所示为 CPU 电路板结构，可以看到，该电路板上设有微处理器芯片、存储器芯片、PLC 状态指示灯、输出 LED 指示灯、输入 LED 指示灯、模式选择转换开关、模拟量调节电位器、电感器、电容器、与输入/输出接口电路板连接的接口等。

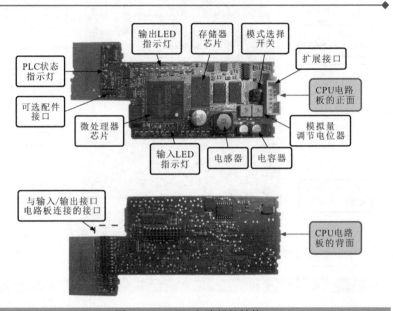

图 11-18　CPU 电路板的结构

 2. 输入/输出接口电路板

输入/输出接口电路板主要用于对 PLC 输入/输出信号的处理。图 11-19 所示为输入/输出接口电路板结构，可以看到，该电路板主要由输入接口、输出接口、电源输入接口、传感器输出接口、与 CPU 电路板的接口、与电源电路板的接口、RS-232/RS-485 通信接口、输出继电器、光电耦合器等构成。

 3. 电源电路板

电源电路板主要用于为 PLC 内部各电路提供所需的工作电压。

图 11-20 所示为电源电路板结构，可以看到，该电路板主要由桥式整流堆、压敏电阻器、电容器、变压器、与输入/输出接口电路板的接口等构成。

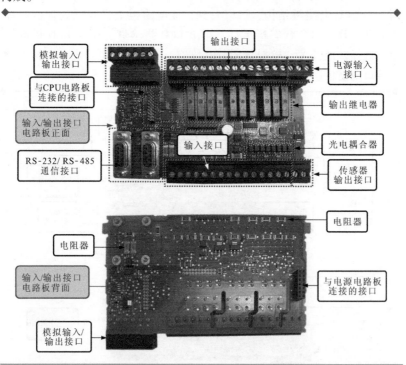

图 11-19　输入/输出接口电路板的结构

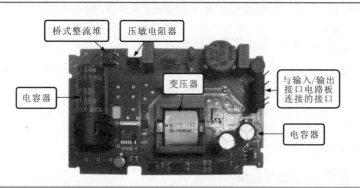

图 11-20　电源电路板的结构

11.2　PLC 控制特点与应用

11.2.1　PLC 的技术特点

　　图 11-21 所示为 PLC 的整机工作原理示意图，可以看到，PLC 可以划分成 CPU 模块、存储器、通信接口、基本 I/O 接口、电源五部分。

　　控制及传感部件发出的状态信息和控制指令通过输入接口（I/O 接口）送入存储器的工作数据存储器中。在 CPU 控制器的控制下，这些数据信息会从工作数据存储器中调入 CPU 的寄存器，与 PLC 认可的编译程序结合，由运算器进行数据分析、运算和处理。最终，将运算结果或控制指令通过输出接口传送给继电器、电磁阀、指示灯、蜂鸣器、电磁线圈、电动机等外部设备及功能部件，这些外部设备及功能部件即会执行相应的工作。

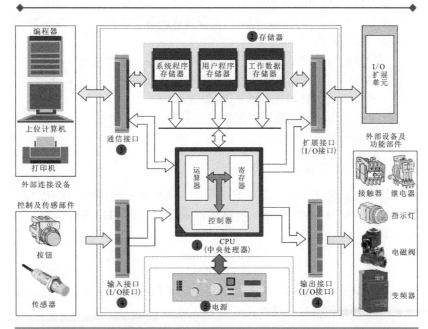

图 11-21　PLC 的整机工作原理示意图

1. CPU

CPU（中央处理器）是 PLC 的控制核心，它主要由控制器、运算器和寄存器三部分构成。通过数据总线、控制总线和地址总线与其内部存储器及 I/O 接口相连。

CPU 的性能决定了 PLC 的整体性能。不同的 PLC 配有不同的 CPU，其主要作用是接收、存储由编程器输入的用户程序和数据，对用户程序进行检查、校验、编译，并执行用户程序。

 2. 存储器

PLC 的存储器一般分为系统程序存储器、用户程序存储器和工作数据存储器。其中，系统程序存储器为只读存储器（ROM），用于存储系统程序。系统程序是由 PLC 制造厂商设计编写的，用户不能直接读写和更改。一般包括系统诊断程序、输入处理程序、编译程序、信息传送程序、监控程序等。

用户程序存储器为随机存储器（RAM），用于存储用户程序。用户程序是用户根据控制要求，按系统程序允许的编程规则，用厂家提供的编程语言编写的程序。

当用户编写的程序存入后，CPU 会向存储器发出控制指令，从系统程序存储器中调用解释程序将用户编写的程序进行进一步的编译，使之成为 PLC 认可的编译程序，如图 11-22 所示。

工作数据存储器也为随机存储器（RAM），用来存储工作过程中的指令信息和数据。

 3. 通信接口

通信接口通过编程电缆与编程设备（计算机）连接或 PLC 与 PLC 之间连接，如图 11-23 所示，电脑通过编程电缆对 PLC 进行编程、调试、监视、试验和记录。

 4. 基本 I/O 接口

基本 I/O 接口是 PLC 与外部各设备联系的桥梁，可以分为 PLC 输入接口和 PLC 输出接口两种。

（1）输入接口　输入接口主要为输入信号采集部分，其作用是将被控对象的各种控制信息及操作命令转换成 PLC 输入信号，然后送给 CPU

的运算控制电路部分。

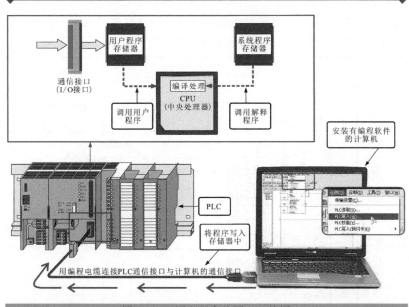

图 11-22　用户程序的写入、编译

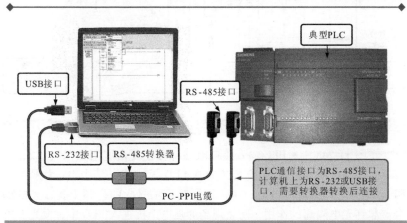

图 11-23　PLC 通信接口的连接

　　PLC 的输入接口根据输入端电源类型不同主要有直流输入接口和交流输入接口两种，如图 11-24 所示，可以看到，PLC 外接的各种按钮、操作开关等提供的开关信号作为输入信号经输入接线端子后送至 PLC 内部接口电路（电阻器、电容器、发光二极管、光电耦合器等构成），在接口电路部分进行滤波、光电隔离、电平转换等处理，将各种开关信号变为 CPU 能够接收和处理的标准信号（图中只画出对应于一个输入点的输入电路，各个输入点所对应的输入电路均相同）。

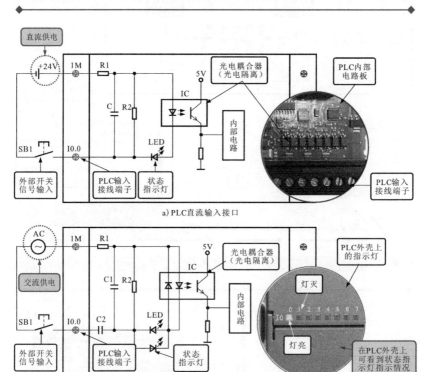

图 11-24　PLC 的输入接口部分

在图 11-24a 中，PLC 输入接口电路部分主要由电阻器 R1、R2、电容器 C、光电耦合器 IC、发光二极管 LED 等构成。其中 R1 为限流电阻，R2 与 C 构成滤波电路，用于滤除输入信号中的高频干扰；光电耦合器起到光电隔离的作用，防止现场的强电干扰进入 PLC 中；发光二极管用于显示输入点的状态。

在图 11-24b 中，交流输入电路中，电容器 C2 用于隔离交流强电中的直流分量，防止强电干扰损坏 PLC。另外，光电耦合器内部的为两个方向相反的发光二极管，任意一个发光二极管导通都可以使光电耦合器中光电晶体管导通并输出相应信号。状态指示灯也采用了两个反向并联的发光二极管，光电耦合器中任意一只二极管导通都能使状态指示灯点亮（直流输入电路也可以采用该结构，外接直流电源时可不用考虑极性）。

要点说明

PLC 输入接口的工作过程如图 11-25 所示。以图 11-25a 为例，可以看到，当按下 PLC 外接开关部件（按钮 SB1）时，PLC 内光电耦合器导通，发光二极管点亮，用来指示开关部件 SB1 处于闭合状态。此时，光电耦合器输出端输出高电平，该高电平信号送至内部电路中。CPU 识别该信号时将用户程序中对应的输入继电器触点置 1。

相反，当按钮 SB1 断开时，光电耦合器不导通，发光二极管不亮，CPU 识别该信号时将用户程序中对应的输入继电器触点置 0。

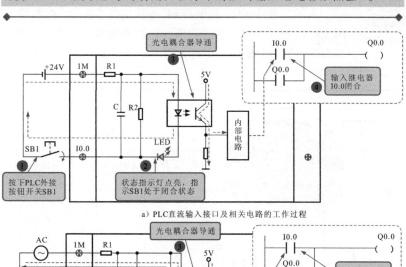

a）PLC直流输入接口及相关电路的工作过程

b）PLC交流输入接口及相关电路的工作过程

图 11-25　PLC 输入接口及相关电路的工作过程

（2）输出接口　输出接口即开关量的输出单元，由 PLC 输出接口电路、连接端子和外部设备及功能部件构成，CPU 完成的运算结果由 PLC 该电路提供给被控负载，用以完成 PLC 主机与工业设备或生产机械之间的信息交换。

当 PLC 内部电路输出的控制信号经输出接口电路（光电耦合器、晶体管或晶闸管或继电器、电阻器等构成）、PLC 输出接线端子后，送至外接的执行部件，用来输出开关量信号，控制外接设备或功能部件的状态。

PLC 的输出电路根据输出接口所用开关器件不同，主要有晶体管输出接口、晶闸管输出接口和继电器输出接口三种。

扫一扫看视频

1）晶体管输出接口。图 11-26 所示为晶体管输出接口，它主要是由光电耦合器 IC、状态指示灯 LED、输出晶体管 VT、保护二极管 VD、熔断器 FU 等构成的。其中，熔断器 FU 用于防止 PLC 外接设备或功能部件短路时损坏 PLC（图中只画出对应于一个输出点的输出接口，各个输出点所对应的输出接口均相同）。

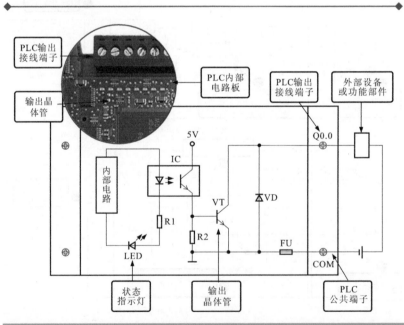

图 11-26　晶体管输出接口

　　PLC 晶体管输出接口及相关电路的工作过程如图 11-27 所示，可以看到，PLC 内部接收到输入接口的开关量信号，使对应于晶体管 VT 的内部继电器为 1，相应输出继电器得电，所对应输出电路的光电耦合器导通，从而使晶体管 VT 导通，PLC 外部设备或功能部件得电，同时状态指示灯 LED 点亮，表示当前该输出点状态为 1。

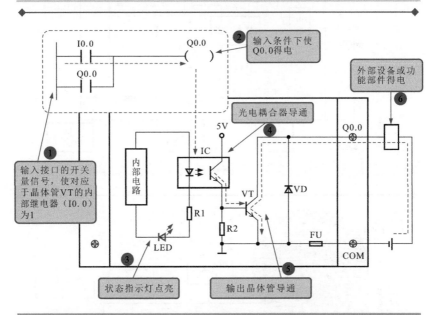

图 11-27　PLC 晶体管输出接口及相关电路的工作过程

　　2）晶闸管输出接口。图 11-28 所示为晶闸管输出接口，它主要是由光电耦合器 IC、状态指示灯 LED、双向晶闸管 VS、保护二极管 VD、熔断器 FU 等构成的。

　　3）继电器输出接口。图 11-29 所示为继电器输出接口，它主要是由继电器 K、状态指示灯 LED 等构成的。

 5. 电源

　　PLC 内部配有一个专用开关式稳压电源，始终为各部分电路提供工作所需的电压，确保 PLC 工作的顺利进行。

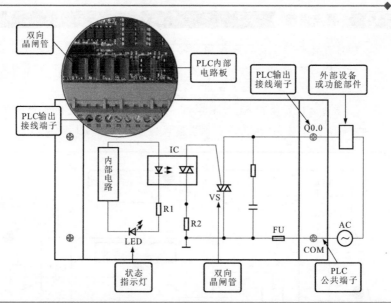

图 11-28　晶闸管输出接口

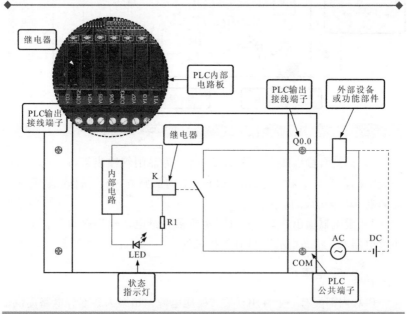

图 11-29　继电器输出接口

PLC 电源部分主要是将外加的交流电压或直流电压转换成微处理器、存储器、I/O 电路等部分所需要的工作电压。图 11-30 所示为其工作过程示意图。

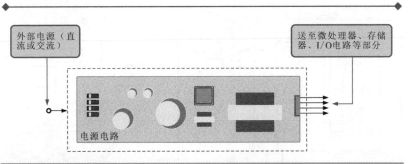

图 11-30　PLC 电源电路的工作过程示意图

不同型号或品牌的 PLC 供电方式也有所不同，有些采用直流电源（5V、12V、24V），有些采用交流电源供电（220V/110V）。目前，采用交流电源（220V/110V）供电的 PLC 较多，该类 PLC 内置开关式稳压电源，将交流电压进行整流、滤波、稳压处理后，转换为满足 PLC 内部微处理器、存储器、I/O 电路等所需的工作电压。另外，有些 PLC 可向外部输出 24V 的直流电压，可为输入电路外接的开关部件或传感部件供电。

11.2.2　传统控制与 PLC 控制

电动机控制系统主要是通过电气控制部件来实现对电动机的起动、运转、变速、制动和停机等；PLC 控制电路则是由大规模集成电路与可靠元件相结合，通过计算机控制方式实现对电动机的控制。

图 11-31 所示为典型电动机控制系统。由图中可知，典型电动机控制系统主要是由控制箱中的控制部件和电动机构成的。其中，各种控制部件是主要的操作和执行部件；电动机是将系统电能转换为机械能的输出部件，其执行的各种动作是控制系统实现的最终目的。

传统电动机控制系统主要是指由继电器、接触器、控制按钮、各种开关等电气部件构成的电动机控制电路，其各项控制功能或执行动作都是由相应的实际存在的电气物理部件来实现的，各部件缺一不可，如图 11-32 所示。

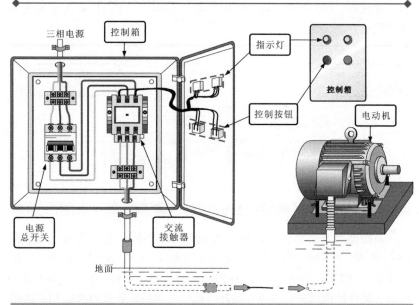

图 11-31　典型电动机控制系统

在 PLC 电动机控制系统中，主要用 PLC 控制方式取代了电气部件之间复杂的连接关系。电动机控制系统中各主要控制部件和功能部件都直接连接到 PLC 相应的接口上，然后根据 PLC 内部程序的设定，即可实现相应的电路功能，如图 11-33 所示。

从图中可以看到，整个电路主要由 PLC、与 PLC 输入接口连接的控制部件（FR、SB1 ~ SB4）、与 PLC 输出接口连接的执行部件（KM1、KM2）等构成。

在该电路中，PLC 采用的是三菱 FX_{2N}-32MR 型 PLC，外部的控制部件和执行部件都是通过 PLC 预留的 I/O 接口连接到 PLC 上的，各部件之间没有复杂的连接关系。

控制部件和执行部件分别连接到 PLC 输入接口相应的 I/O 接口上，它是根据 PLC 控制系统设计之初建立的 I/O 分配表进行连接分配的，其所连接接口名称也将对应于 PLC 内部程序的编程地址编号。由 PLC 控制的电动机顺序起/停控制系统的 I/O 分配表见表 11-5。

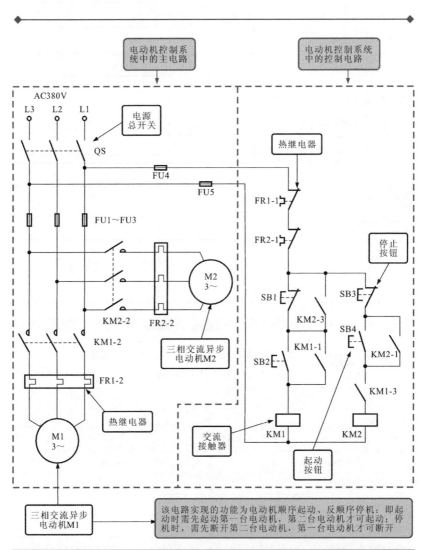

图 11-32 　传统电动机顺序起/停控制系统

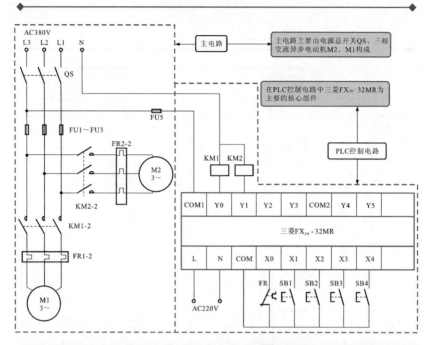

图 11-33　由 PLC 控制的电动机顺序起/停控制系统

表 11-5　由三菱 FX$_{2N}$-32MR PLC 控制的电动机顺序
起/停控制系统的 I/O 分配表

输入信号及地址编号			输出信号及地址编号		
名称	代号	输入点地址编号	名称	代号	输出点地址编号
过热保护继电器	FR	X0	电动机 M1 交流接触器	KM1	Y0
M1 停止按钮	SB1	X1	电动机 M2 交流接触器	KM2	Y1
M1 起动按钮	SB2	X2			
M2 停止按钮	SB3	X3			
M2 起动按钮	SB4	X4			

　　结合以上内容可知，电动机的 PLC 控制系统是指由 PLC 作为核心
控制部件实现对电动机的起动、运转、变速、制动和停机等各种控制功
能的控制电路。

如图 11-34 所示，该系统将电动机控制系统与 PLC 控制电路进行结合，主要是由操作部件、控制部件和电动机以及一些辅助部件构成的。

其中，各种操作部件用于为该系统输入各种人工指令，包括各种按钮、传感器件等；控制部件主要包括总电源开关（总断路器）、PLC、接触器、过热保护继电器等，用于输出控制指令和执行相应动作；电动机是将系统电能转换为机械能的输出部件，其执行的各种动作是该控制系统实现的最终目的。

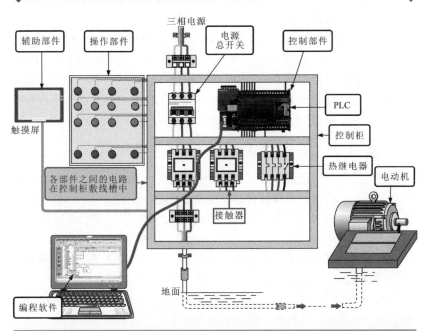

图 11-34　典型电动机的 PLC 控制系统结构示意图

11.2.3　PLC 控制应用

PLC 在近年来发展极为迅速，随着技术的不断更新，其 PLC 的控制功能，数据采集、存储、处理功能，可编程、调试功能，通信联网功能，人机界面功能等也逐渐变得强大，使得 PLC 的应用领域得到进一步的急速扩展，广泛应用于各行各业的控制系统中。

目前，PLC 已经成为生产自动化、现代化的重要标志。众多生产厂商都投入到了 PLC 产品的研发中，PLC 的品种越来越丰富，功能越来越强大，应用也越来越广泛，无论是生产、制造还是管理、检验，都可以看到 PLC 的身影。

 1. PLC 在电动机控制系统中的应用

PLC 应用于电动机控制系统中，用于实现自动控制，并且能够在不大幅度改变外接部件的前提下，仅修改内部的程序便可实现多种多样的控制功能，使电气控制更加灵活高效。

通常，电动机 PLC 控制系统主要是由操作部件、控制部件和电动机以及一些辅助部件构成的。

其中，各种操作部件用于为该系统输入各种人工指令，包括各种按钮、传感器件等；控制部件主要包括总电源开关（总断路器）、PLC、接触器、过热保护继电器等，用于输出控制指令和执行相应动作；电动机是将系统电能转换为机械能的输出部件，其执行的各种动作是该控制系统实现的最终目的。

 2. PLC 在复杂机床设备中的应用

众所周知，机床设备是工业领域中的重要设备之一，也更是由于其功能的强大、精密，使得对它的控制要求更高，普通的继电器控制虽然能够实现基本的控制功能，但早已无法满足其安全可靠、高效的管理要求。

用 PLC 对机床设备进行控制，不仅提高了自动化水平，在实现相应的切削、磨削、钻孔、传送等功能中更具有突出的优势。

图 11-35 所示为 PLC 在复杂机床设备中的应用示意图。可以看到，该系统主要是由操作部件、控制部件和机床设备构成的。

其中，各种操作部件用于为该系统输入各种人工指令，包括各种按钮、传感器件等；控制部件主要包括电源总开关（总断路器）、PLC 可编程控制器、接触器、变频器等，用于输出控制指令和执行相应动作；机床设备主要包括电动机、传感器、检测电路等，通过电动机将系统电能转换为机械能输出，从而控制机械部件完成相应的动作，最终实现相应的加工操作。

 3. PLC 在自动化生产制造设备中的应用

PLC 在自动化生产制造设备中的应用主要用来实现自动控制功能。

PLC 在电子元器件加工、制造设备中作为控制中心，使元器件的输送定位驱动电动机、加工深度调整电动机、旋转电动机和输出电动机能够协调运转，相互配合实现自动化工作。

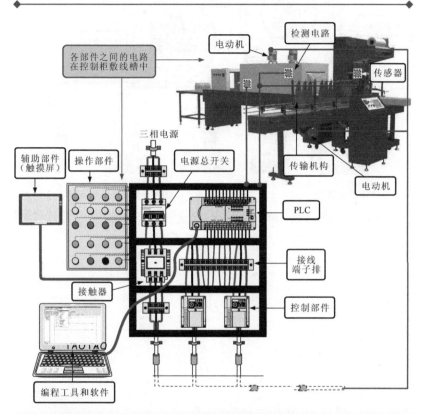

图 11-35 典型机床的 PLC 控制系统

PLC 在自动化生产制造设备中的应用如图 11-36 所示。

 4. PLC 在民用生产生活中的应用

PLC 不仅在电子、工业生产中广泛应用，在很多民用生产生活领域中也得到了迅速发展。如常见的自动门系统、汽车自动清洗系统、水塔水位自动控制系统、声光报警系统、流水生产线、农机设备控制系统、库房大门自动控制系统、蓄水池进出水控制系统等，都可由 PLC 控制、管理实现自动化功能。

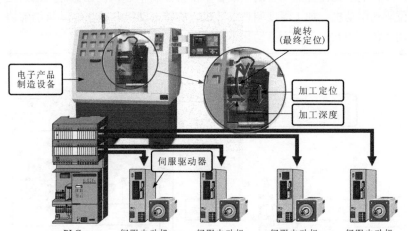

图 11-36　PLC 在自动化生产制造设备中的应用

——第 12 章——

自动化综合控制应用

12.1 制冷设备的自动化控制

12.1.1 制冷设备中的自动化变频电路

变频制冷设备是指由变频器或变频电路对变频压缩机、水泵（电动机）的起动、运行等进行控制的制冷设备，如变频电冰箱、变频空调器、中央空调、冷库等。

变频电路是变频制冷设备中特有的电路模块，其主要的功能就是为压缩机或水泵提供驱动信号，用来调节压缩机或电动机的转速，实现制冷剂的循环，完成热交换的功能。

图 12-1 所示为典型变频空调器的电路关系示意图，从图中可以看出该变频空调器主要由室内机和室外机两部分组成。室外机电路部分接收由室内机电路部分发送来的控制信号，并对其进行处理后经变频电路控制变频压缩机起动、运行，再由压缩机控制管路中的制冷剂循环，从而实现空气温度调节功能。

其中变频电路和变频压缩机位于室外机机组中，电源电路为其变频电路提供所需的工作电压，并通过控制电路进行控制，从而输出驱动变频压缩机的变频驱动信号，使变频压缩机起动、运行，从而达到制冷或制热的效果。

可以看到，变频电路和变频压缩机位于空调器室外机机组中。变频电路在室外机控制电路控制、电源电路供电两大条件下，输出驱动变频压缩机的变频驱动信号，使变频压缩机起动、运行，从而达到制冷或制热的效果。

图 12-2 所示为 6 个 IGBT 构成的变频驱动电路。微处理器将变频控制信号送到变频控制电路中，由变频控制电路输出 6 个功率管导通与截

277

止的时序信号（逻辑控制信号），使 6 个功率晶体管为变频压缩机电动机的绕组提供变频电流，从而控制电动机的转速。

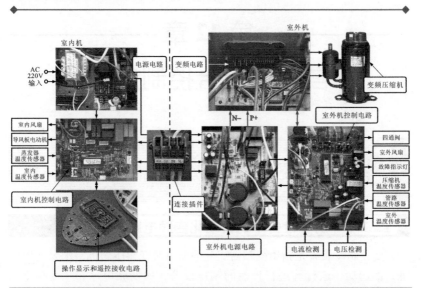

图 12-1 典型变频空调器的电路关系示意图

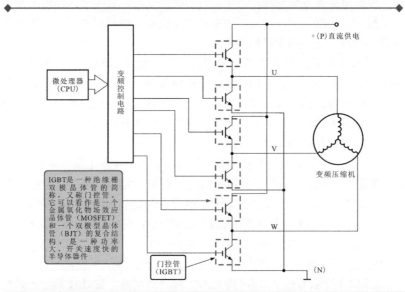

图 12-2 6 个 IGBT 构成的变频驱动电路

图 12-3 所示为典型变频空调器中变频电路板的实物外形。从图中可以看到，变频电路主要是由智能功率模块、光电耦合器、连接插件或接口等组成的。

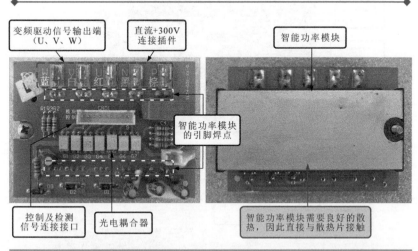

变频驱动信号输出端
（U、V、W）

直流+300V
连接插件

智能功率模块

智能功率模块
的引脚焊点

控制及检测
信号连接接口

光电耦合器

智能功率模块需要良好的散
热，因此直接与散热片接触

图 12-3　变频电路的结构组成

相关资料

　　随着变频技术的发展，应用于变频空调器中的变频电路也日益完善，很多新型变频空调器中的变频电路不仅具有智能功率模块的功能，而且还将一些外部电路集成到一起，如有些变频电路集成了电源电路，有些则集成了 CPU 控制模块，还有些将室外机控制电路与变频电路制作在一起，称为模块控制电路一体化电路等，如图 12-4 所示。

　　在变频电路中，智能功率模块是电路中的核心部件，其通常为一只体积较大的集成电路模块，内部包含变频控制电路、驱动电流、过电压过电流检测电路和功率输出电路（逆变器），一般安装在变频电路背部或边缘部分，如图 12-5 所示。

　　图 12-6 所示为智能功率模块（STK621-410）的内部结构简图，可以看到其内部有逻辑控制电路和 6 只带阻尼二极管的 IGBT 组成的逆变电路。

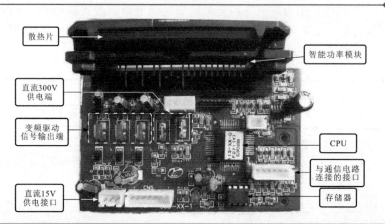

散热片

智能功率模块

直流300V
供电端

变频驱动
信号输出端

CPU

与通信电路
连接的接口

直流15V
供电接口

存储器

图 12-4　空调器室外机控制电路与变频电路制作在一起的一体化电路

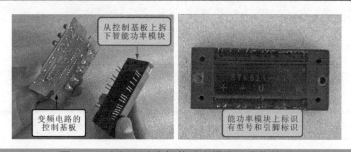

从控制基板上拆
下智能功率模块

变频电路的
控制基板

能功率模块上标识
有型号和引脚标识

图 12-5　变频电路中智能功率模块的实物外形

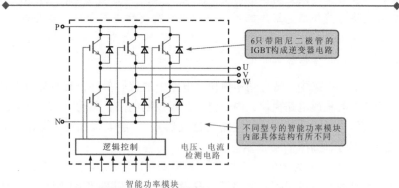

P

U
V
W

N

6只带阻尼二极管的
IGBT构成逆变器电路

不同型号的智能功率模块
内部具体结构有所不同

逻辑控制　电压、电流
检测电路

智能功率模块
（逻辑控制+逆变器+检测控制）

图 12-6　STK621-410型智能功率模块的内部结构简图

相关资料

变频电路中常用的变频模块主要有 PS21564-P/SP、PS21865/7/9-P/AP、PS21964/5/10-AT/AT、PS21765/7、PS21246、FSBS15CH60 等几种，这几种变频模块受微处理器输出的控制信号的控制，通过将控制信号放大、逆变后，对电动机进行驱动控制。

图 12-7 所示为变频模块 FSBS15CH60 的实物外形及内部结构。PS21867 型变频功率模块参数为 30A/600V，共有 41 个引脚，其中①~㉑脚为数据信号输入端，㉒~㉖脚与变频压缩机绕组连接，用于信号的输出，而㉗~㊶脚为空脚。其引脚功能见表 12-1。

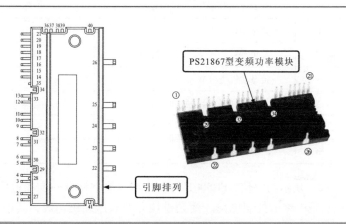

图 12-7　变频模块 FSBS15CH60 的实物外形及内部结构

表 12-1　FSBS15CH60 变频模块的引脚功能含义

引脚	标识	引脚功能	引脚	标识	引脚功能
①	U_P	功率管 U（上）控制	⑧	V_{VFS}	V 绕组反馈信号
②	V_{P1}	模块内 IC 供电+15V	⑨	W_P	功率管 W（上）控制
③	V_{UFB}	U 绕组反馈信号输入	⑩	V_{P1}	模块内 IC 供电+15V
④	V_{UFS}	U 绕组反馈信号	⑪	V_{PC}	接地
⑤	V_P	功率管 V（上）控制	⑫	V_{WFB}	W 绕组反馈信号输入
⑥	V_{P1}	模块内 IC 供电+15V	⑬	V_{WFS}	W 绕组反馈信号
⑦	V_{VFB}	V 绕组反馈信号输入	⑭	V_{N1}	欠电压检测端

（续）

引脚	标识	引脚功能	引脚	标识	引脚功能
⑮	V_{NC}	接地	㉙	NC	空脚
⑯	C_{IN}	过电流检测	㉚	NC	空脚
⑰	C_{FO}	故障输出（滤波端）	㉛	NC	空脚
⑱	F_O	故障检测	㉜	NC	空脚
⑲	U_N	功率管 U（下）控制	㉝	NC	空脚
⑳	V_N	功率管 V（下）控制	㉞	NC	空脚
㉑	W_N	功率管 W（下）控制	㉟	NC	空脚
㉒	P	直流供电端	㊱	NC	空脚
㉓	U	接电动机绕组 U	㊲	NC	空脚
㉔	V	接电动机绕组 V	㊳	NC	空脚
㉕	W	接电动机绕组 W	㊴	NC	空脚
㉖	N	直流供电负端	㊵	NC	空脚
㉗	NC	空脚	㊶	NC	空脚
㉘	NC	空脚	—	—	—

　　图 12-8 所示为海信 KFR5001LW/BP 型变频空调器的变频电路原理图，该变频电路由控制电路、变频模块和变频压缩机构成，其中 CN01 的①脚为变频模块反馈的故障信号传输端，当变频模块出现过热、过电流、短路等情况时，便由 CN01 的①脚将故障信号传输给室外机控制电路，实施保护。

12.1.2　制冷设备的自动化变频控制

　　制冷设备中的变频电路不同于传统的驱动电路，它主要是通过改变输出电流的频率和电压来调节压缩机或水泵中的电动机转速。采用变频电路控制的制冷设备，工作效率更高，更加节约能源。下面以典型变频空调器的变频电路为例，介绍制冷设备中变频电路的控制过程。图 12-9 所示为变频空调器中变频电路的流程框图。

　　智能功率模块在控制信号的作用下，将供电部分送入的 300V 直流电压逆变为不同频率的交流电压（变频驱动信号）加到变频压缩机的三相绕阻端，使变频压缩机起动，进行变频运转，如图 12-10 所示，压缩机驱动制冷剂循环，进而达到冷热交换的目的。

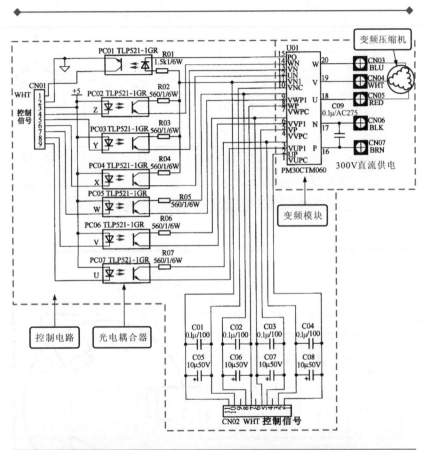

图 12-8　　海信 KFR5001LW/BP 型变频空调器的变频电路原理图

在变频压缩机电动机（直流无刷电动机）的定子上装有霍尔元件，用来检测转子磁极的旋转位置，为驱动电路提供参考信号，将该信号送入智能控制电路中，与提供给定子线圈的电流相位保持一定关系，再由功率模块中的 6 个晶体管进行控制，按特定的规律和频率转换，实现变频压缩机电动机速度的控制。

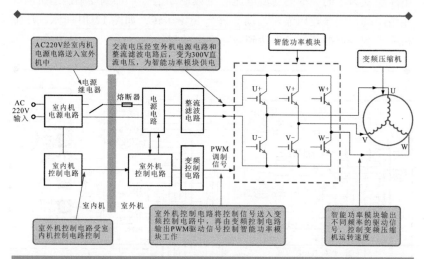

图 12-9　变频空调器中变频电路的流程框图

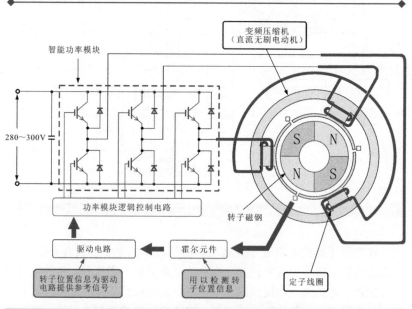

图 12-10　变频压缩机电动机的结构和驱动方式

要点说明

　　在变频空调器中，控制电路可根据对室内温度的高低来判断是否需要加大制冷或制热量，进而控制变频电路的工作状态。当室内温度较高时，控制电路识别到该信号后（由室内温度传感器检测），输出的脉冲信号宽度较宽，该信号控制逆变电路中的半导体器件导通时间变长，从而使输出的信号频率升高，变频压缩机处于高速运转状态，空调器中制冷循环加速，进而实现对室内降温的功能。

　　当室内温度下降到设定温度时，控制电路也检测到该信号，此时便输出宽度较窄的脉冲信号，该信号控制逆变电路中的半导体器件导通时间变短，输出信号频率降低，压缩机转速下降，空调器中制冷循环变得平缓，从而将室内温度维持在某一范围内。

　　在变频压缩机工作过程中，当温度到达设定要求时，变频电路控制压缩机处于低速运转状态，进入节能状态，而且有效避免了频繁起动、停机造成的大电流损耗，这就是变频空调器的节能原理。

　　图 12-11 所示为海信 KFR-4539（5039）LW/BP 变频空调器的变频电路，该变频电路主要由控制电路、过电流检测电路、变频模块和变频压缩机构成。

相关资料

　　图 12-12 所示为变频模块 PS21246 的内部结构。该模块内部主要由 HVIC$_{1-3}$ 和 LVIC 四个逻辑控制电路，六个功率输出 IGBT 管（门控管）和六个阻尼二极管等部分构成的。300V 的 P 端为 IGBT 管提供电源电压，由供电电路为其中的逻辑控制电路提供+5V 的工作电压。由微处理器为 PS21246 输入控制信号，经功率模块内部逻辑处理后为 IGBT 管控制极提供驱动信号，U、V、W 端为直流无刷电动机绕组提供驱动电流。变频模块 PS21246 的引脚功能见表 12-2。

　　图 12-13 所示为海信 KFR-4539（5039）LW/BP 变频空调器中变频电路的工作过程。电源供电电路为变频模块提供+15V 直流电压，由室外机控制电路中的微处理器为变频模块 IC2（PS21246）提供控制信号，经变频模块 IC2 内部电路的放大和变换，为变频压缩机提供变频驱动信号，驱动变频压缩机起动运转。

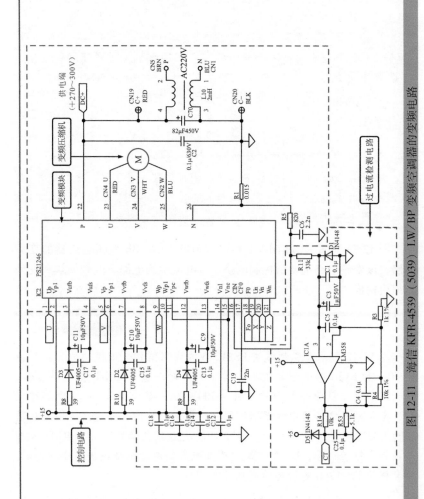

图 12-11　海信 KFR-4539（5039）LW/BP 变频空调器的变频电路

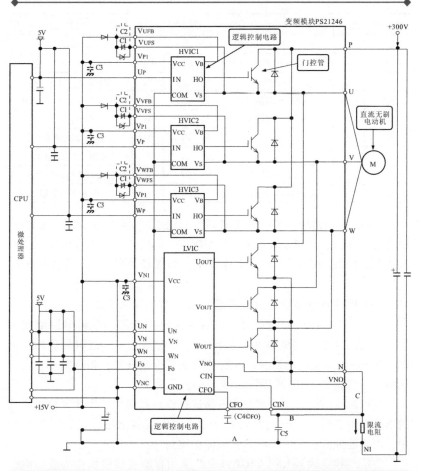

图 12-12　变频模块 PS21246 的内部结构

表 12-2　PS21246 型变频功率模块引脚功能

引脚号	标识	引脚功能	引脚号	标识	引脚功能
①	U_P	功率管 U（上）控制	⑤	V_P	功率管 V（上）控制
②	V_{P1}	模块内 IC 供电 +15V	⑥	V_{P1}	模块内 IC 供电 +15V
③	V_{UFB}	U 绕组反馈信号输入	⑦	V_{VFB}	V 绕组反馈信号输入
④	V_{UFS}	U 绕组反馈信号	⑧	V_{VFS}	V 绕组反馈信号

（续）

引脚号	标识	引脚功能	引脚号	标识	引脚功能
⑨	W_P	功率管 W（上）控制	⑱	F_O	故障检测
⑩	V_{P1}	模块内 IC 供电+15V	⑲	U_N	功率管 U（下）控制
⑪	V_{PC}	接地	⑳	V_N	功率管 V（下）控制
⑫	V_{WFB}	W 绕组反馈信号输入	㉑	W_N	功率管 W（下）控制
⑬	V_{WFS}	W 绕组反馈信号	㉒	P	直流供电端
⑭	V_{N1}	欠电压检测端	㉓	U	接电动机绕组 U
⑮	V_{NC}	接地	㉔	V	接电动机绕组 V
⑯	C_{IN}	过电流检测	㉕	W	接电动机绕组 W
⑰	C_{FO}	故障输出（滤波端）	㉖	N	直流供电负端

电源供电电路输出的+15V 直流电压分别送入变频模块 IC2（PS21246）的②脚、⑥脚、⑩脚和⑭脚中，为变频模块提供所需的工作电压。变频模块 IC2 的㉒脚为+300V 电压输入端，为该模块的 IGBT 管提供工作电压。

室外机控制电路中的微处理器 CPU 为变频模块 IC2 的①脚、⑤脚、⑨脚、⑱～㉑脚提供控制信号，控制变频模块内部的逻辑电路电路工作。控制信号经变频模块 IC2（PS21246）内部电路的逻辑处理后，由㉓～㉕脚输出变频驱动信号，分别加到变频压缩机的三相绕组端。变频压缩机在变频驱动信号的驱动下起动运转工作。

过电流检测电路用于对变频电路进行检测和保护，当变频模块内部的电流值过高时，过电流检测电路便将过电流检测信号送往微处理器中，由微处理器对室外机电路实施保护控制。

海信变频空调器 KFR-25GW/06BP 采用智能变频模块作为变频电路对变频压缩机进行调速控制，同时智能变频模块的电流检测信号会送到微处理器中，由微处理器根据信号对变频模块进行保护。

图 12-14 所示为海信 KFR-25GW/06BP 型变频空调器中的变频电路部分，该变频电路主要由控制电路、变频模块和变频压缩机等构成。

该电路中，变频电路满足供电等工作条件后，由室外机控制电路中的微处理器（MB90F462-SH）为变频模块 IPM201/PS21564 提供控制信号，经变频模块 IPM201/PS21564 内部电路的逻辑控制后，为变频压缩机提供变频驱动信号，驱动变频压缩机起动运转，具体工作过程如图 12-15 所示。

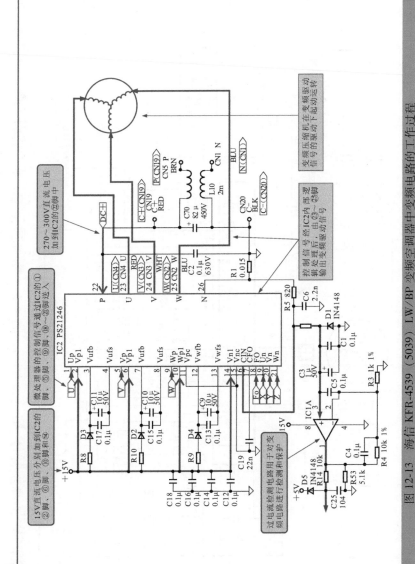

图 12-13　海信 KFR-4539（5039）LW/BP 变频空调器中变频电路的工作过程

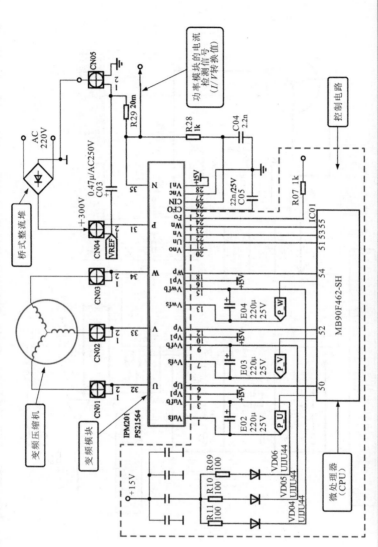

图 12-14　海信 KFR-25GW/06BP 型变频空调器中的变频电路

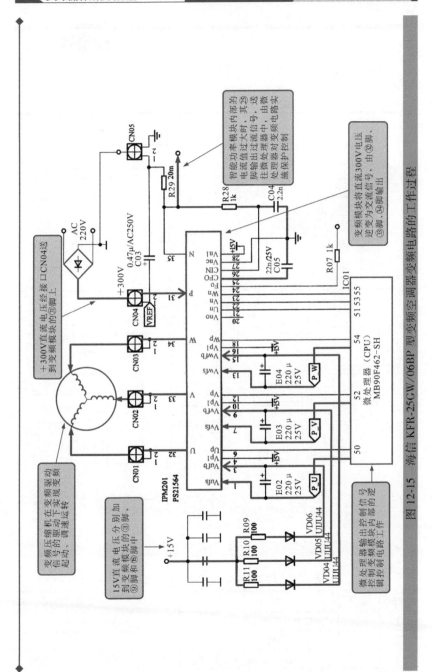

图 12-15　海信 KFR-25GW/06BP 型变频空调器变频电路的工作过程

相关资料

图 12-16 所示为上述电路中 PS21564 型智能功率模块的实物外形、引脚排列及内部结构，其各引脚功能见表 12-3。

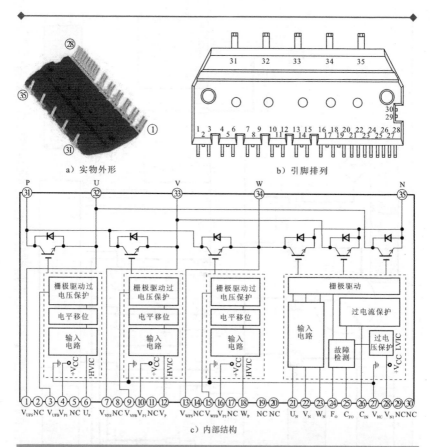

图 12-16   PS21564 型智能功率模块的外形结构

表 12-3   PS21564 型智能功率模块引脚功能

引脚号	标识	引脚功能	引脚号	标识	引脚功能
①	V_{UFS}	U 绕组反馈信号	④	V_{P1}	模块内 IC 供电+15V
②	NC	空脚	⑤	NC	空脚
③	V_{UFB}	U 绕组反馈信号输入	⑥	U_P	功率管 U（上）控制

（续）

引脚号	标识	引脚功能	引脚号	标识	引脚功能
⑦	V_{VFS}	V 绕组反馈信号	㉒	V_N	功率管 V（下）控制
⑧	NC	空脚	㉓	W_N	功率管 W（下）控制
⑨	V_{VFB}	V 绕组反馈信号输入	㉔	F_O	故障检测
⑩	V_{P1}	模块内 IC 供电 +15V	㉕	C_{FO}	故障输出（滤波端）
⑪	NC	空脚	㉖	C_{IN}	过电流检测
⑫	V_P	功率管 V（上）控制	㉗	V_{NC}	接地
⑬	V_{WFS}	W 绕组反馈信号	㉘	V_{N1}	欠电压检测端
⑭	NC	空脚	㉙	NC	空脚
⑮	V_{WFB}	W 绕组反馈信号输入	㉚	NC	空脚
⑯	V_{P1}	模块内 IC 供电 +15V	㉛	P	直流供电端
⑰	NC	空脚	㉜	U	接电动机绕组 W
⑱	W_P	功率管 W（上）控制	㉝	V	接电动机绕组 V
⑲	NC	空脚	㉞	W	接电动机绕组 U
⑳	NC	空脚	㉟	N	直流供电负端
㉑	U_N	功率管 U（下）控制	—	—	—

12.2 电动机的自动化控制

12.2.1 电动机的自动化变频电路

    电动机变频控制系统是指由变频控制电路实现对电动机的起动、运转、变速、制动和停机等各种控制功能的电路。电动机变频控制系统主要是由变频控制箱（柜）和电动机构成的，如图 12-17 所示。

    可以看到，电动机变频控制系统中的各种控制部件（如变频器、接触器、继电器、控制按钮等）都安装在变频控制箱（柜）中，这些部件通过一定连接关系实现特定控制功能，用以控制电动机的状态。

    在实际应用中，变频控制柜的控制部件的类型和数量根据实现功能的不同所有不同，复杂程度和规模也多种多样，图 12-18 所示为实际应用中的电动机变频控制箱（柜）。

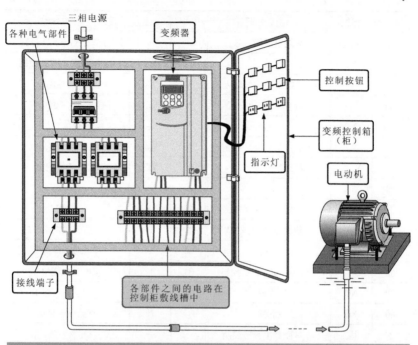

三相电源

各种电气部件

变频器

控制按钮

变频控制箱（柜）

指示灯

电动机

接线端子

各部件之间的电路在控制柜敷线槽中

图 12-17　典型电动机变频控制系统示意图

电气部件位于控制箱内部，控制按钮、指示灯位于箱门上

a）规模较小的电动机变频控制箱

b）规模较大的电动机变频控制柜

图 12-18　实际应用中的电动机变频控制箱（柜）

从控制关系和功能来说，不论控制系统是简单还是复杂，是大还是小，电动机的变频控制系统都可以划分为主电路和控制电路两大部分，图 12-19 所示为典型电动机变频控制系统的连接关系。

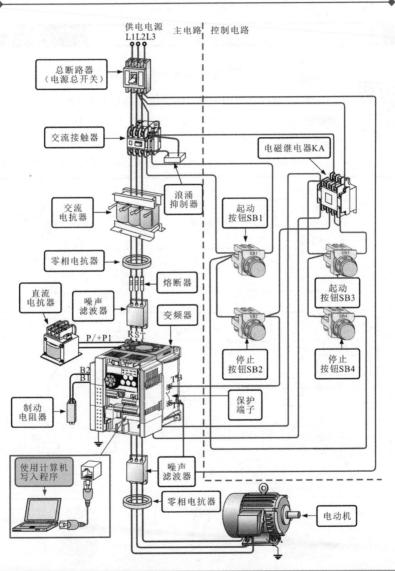

图 12-19　典型电动机变频控制系统的连接关系

　　在该连接关系图中，可看出不同控制功能的变频控制系统，其主电路部分大体都是相同的，所不同的主要体现在控制电路部分，选用不同的控制部件，并与主电路建立不同的连接关系，即可实现多种多样的控制功能，这也是该类控制系统的主要特点之一。

12.2.2　电动机的自动化变频控制

1. 三相交流电动机的变频控制过程

扫一扫看视频

　　图 12-20 所示为典型三相交流电动机的点动、连续运行变频调速控制电路。可以看到，该电路主要是由主电路和控制电路两大部分构成的。

　　主电路部分主要包括主电路总断路器 QF1、变频器内部的

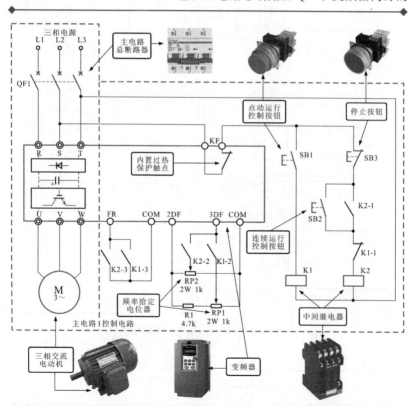

图 12-20　典型三相交流电动机的点动、连续运行变频调速控制电路

主电路（三相桥式整流电路、中间波电路、逆变电路等部分）、三相交流电动机等。

控制电路部分主要包括控制按钮 SB1~SB3、继电器 K1/K2、变频器的运行控制端 FR、内置过热保护端 KF 以及三相交流电动机运行电源频率给定电位器 RP1/RP2 等。

控制按钮用于控制继电器的线圈，从而控制变频器电源的通断，进而控制三相交流电动机的起动和停止；同时继电器触点控制频率给定电位器有效性，通过调整电位器控制三相交流电动机的转速。

（1）点动运行控制过程　图 12-21 所示为三相交流电动机的点动、连续运行变频调速控制电路的点动运行起动控制过程。合上主电路的总断路器 QF1，接通三相电源，变频器主电路输入端 R、S、T 得电，控制电路部分也接通电源，进入准备状态。

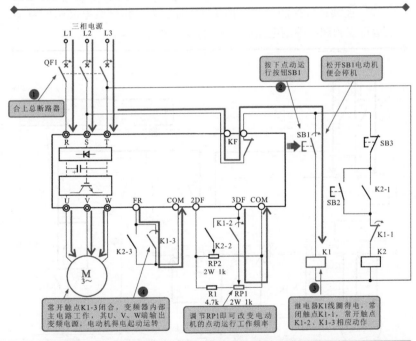

图 12-21　点动运行起动控制过程

当按下点动控制按钮 SB1 时，继电器 K1 线圈得电，常闭触点 K1-1 断开，实现联锁控制，防止继电器 K2 得电；常开触点 K1-2 闭合，变频器的 3DF 端与频率给定电位器 RP1 及 COM 端构成回路，此时 RP1 电位器有效，调节 RP1 电位器即可获得三相交流电动机点动运行时需要的工作频率；常开触点 K1-3 闭合，变频器的 FR 端经 K1-3 与 COM 端接通。

变频器内部主电路开始工作，U、V、W 端输出变频电源，电源频率按预置的升速时间上升至与给定对应的数值，三相交流电动机得电起动运行。

相关资料

电动机运行过程中，若松开按钮开关 SB1，则继电器 K1 线圈失电，常闭触点 K1-1 复位闭合，为继电器 K2 工作做好准备；常开触点 K1-2 复位断开，变频器的 3DF 端与频率给定电位器 RP1 触点被切断；常开触点 K1-3 复位断开，变频器的 FR 端与 COM 端断开，变频器内部主电路停止工作，三相交流电动机失电停转。

（2）连续运行控制过程　图 12-22 所示为三相交流电动机的点动、连续运行变频调速控制电路的连续运行起动控制过程。

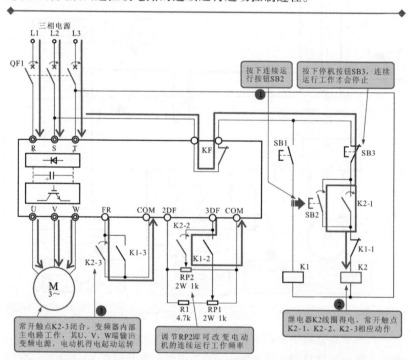

图 12-22　连续运行起动控制过程

当按下连续控制按钮 SB2 时，继电器 K2 线圈得电，常开触点 K2-1 闭合，实现自锁功能（当手松开按钮 SB2 后，继电器 K2 仍保持得电）；常开触点 K2-2 闭合，变频器的 3DF 端与频率给定电位器 RP2 及 COM 端构成回路，此时 RP2 电位器有效，调节 RP2 电位器即可获得三相交流电动机连续运行时需要的工作频率；常开触点 K2-3 闭合，变频器的 FR 端经 K2-3 与 COM 端接通。

变频器内部主电路开始工作，U、V、W 端输出变频电源，电源频率按预置的升速时间上升至与给定对应的数值，三相交流电动机得电起动运行。

变频电路所使用的变频器都具有过热、过载保护功能，当电动机出现过载、过热故障时，变频器内置过热保护触点（KF）便会断开，将切断继电器线圈供电，变频器主电路断电，三相交流电动机停转，起到过热保护的功能。

2. 单水泵恒压供水的变频控制

图 12-23 所示为单水泵恒压供水变频控制原理示意图。在实际恒压供水系统中，一般在管路中安装有压力传感器，由压力传感器检测管路中水的压力大小，并将压力信号转换为电信号，送至变频器中，通过变频器来对水泵电动机进行控制，进而对供水量进行控制，以满足工业设备对水量的需求。

当用水量减少，供水能力大于用水需求时，水压上升，实际反馈信号 X_F 变大，目标给定信号 X_T 与 X_F 的差减小，该比较信号经 PID 处理后的频率给定信号变小，变频器输出频率下降，水泵电动机 M1 转速下降，供水能力下降。

当用水量增加，供水能力小于用水需求时，水压下降，实际反馈信号 X_F 减小，目标给定信号 X_T 与 X_F 的差增大，PID 处理后的频率给定信号变大，变频器输出频率上升，水泵电动机 M1 转速上升，供水能力提高，直到压力大小等于目标值、供水能力与用水需求之间达到平衡为止，即实现恒压供水。

对供水系统进行控制，流量是最根本的控制对象，而管道中水的压力就可作为控制流量变化的参考变量。若要保持供水系统中某处压力的恒定，只需保证该处的供水量同用水量处于平衡状态既可，即实现恒压供水。

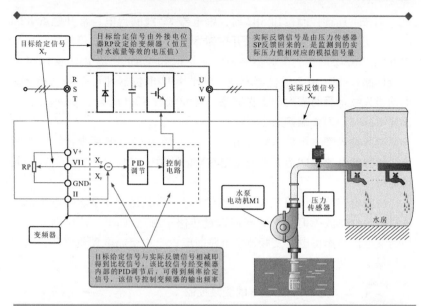

图 12-23　单水泵恒压供水变频控制原理示意图

　　图 12-24 所示为典型的单水泵恒压供水变频控制电路。从图中可以看到，该电路主要是由主电路和控制电路两大部分构成的，其中主电路包括变频器、变频供电接触器 KM1、KM2 的主触点 KM1-1、KM2-1、工频供电接触器 KM3 的主触点 KM3-1、压力传感器 SP 以及水泵电动机等部分；控制电路则主要是由变频供电起动按钮 SB1、变频供电停止按钮 SB2、变频运行起动按钮 SB3、变频运行停止按钮 SB4、工频运行停止按钮 SB5、工频运行起动控制按钮 SB6、中间继电器 KA1、KA2、时间继电器 KT1 及接触器 KM1、KM2、KM3 及其辅助触点等部分组成。

　　该电路中采用康沃 CVF-P2 风机/水泵专用变频器，其内部有自带的 PID 调节器，采用 U/f 控制方式。该变频器具有变频/工频切换控制功能，可在变频电路发生故障或维护检修时，切换到工频状态维持供水系统工作。

　　（1）水泵电动机变频控制过程　图 12-25 所示为水泵电动机在变频器控制下的工作过程。首先合上总断路器 QF，按下变频供电起动按钮 SB1，交流接触器 KM1、KM2 线圈同时得电，变频供电指示灯 HL1 点亮；交流接触器 KM1 的常开辅助触点 KM1-2 闭合自锁，常开主触点 KM1-1 闭合，变频器的主电路输入端 R、S、T 得电；交流接触器 KM2 的常闭辅助触点 KM2-2 断开，防止交流接触器 KM3 线圈得电（起联锁保护作用），常开主触点 KM2-1 闭合，变频器输出端与电动机相连，为变频器控制电动机运行做好准备。

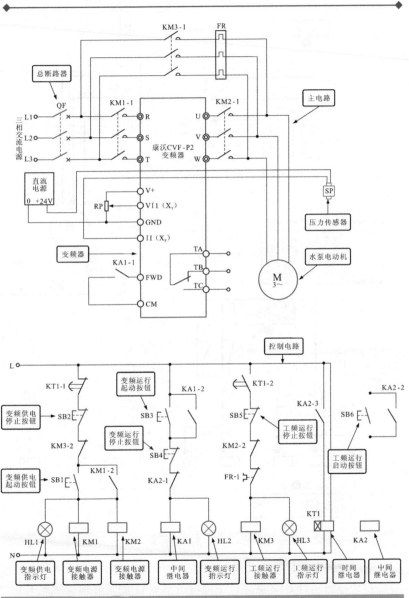

图 12-24　单水泵恒压供水变频控制电路

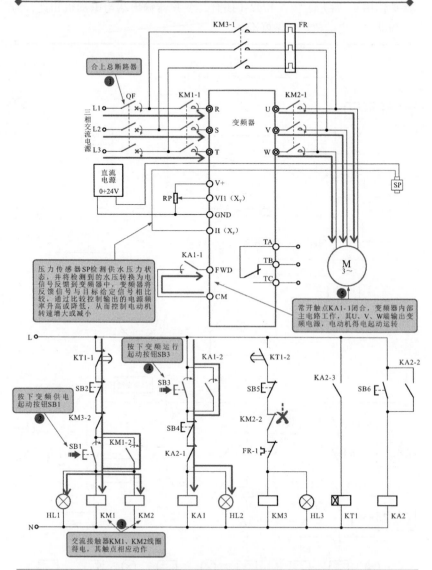

图 12-25　水泵电动机在变频器控制下的工作过程

　　然后按下变频运行起动按钮 SB3，中间继电器 KA1 线圈得电，同时变频运行指示灯 HL2 点亮；中间继电器 KA1 的常开辅助触点 KA1-2 闭合自锁，常开辅助触点 KA1-1 闭合，变频器 FWD 端子与 CM 端子短接，变频器接收到起动指令（正转），内部主电路开始工作，U、V、W 端输出变频电源，经 KM2-1 后加到水泵电动机的三相绕组上。水泵电动机开始起动运转，将蓄水池中的水通过管道送入水房，进行供水。

水泵电动机工作时，供水系统中的压力传感器 SP 检测供水压力状态，并将检测到的水压转换为电信号反馈到变频器端子 II（X_F）上，变频器将反馈信号与初始目标设定端子 VI1（X_T）给定信号相比较，将比较信号经变频器内部 PID 调节处理后得到频率给定信号，用于控制变频器输出的电源频率升高或降低，从而控制电动机转速增大或减小。

相关资料

当需要变频控制线路停机时，按下变频运行停止按钮 SB4 即可。当需要对变频电路进行检修或长时间不使用控制电路时，需按下变频供电停止按钮 SB2 以及断开总断路器 QF，切断供电电路。

（2）水泵电动机工频控制过程　该控制电路具有工频—变频转换功能，当变频线路维护或故障时，可将工作模式切换到工频运行状态。图 12-26 所示为水泵电动机在工频控制下的工作过程。

首先按下工频运行起动按钮 SB6，中间继电器 KA2 线圈得电，其常开触点 KA2-2 闭合自锁；常闭触点 KA2-1 断开，中间继电器 KA1 线圈失电，所有触点均复位，其中 KA1-1 复位断开，切断变频器运行端子回路，变频器停止输出，同时变频运行指示灯 HL2 熄灭。

中间继电器 KA2 的常开触点 KA2-3 闭合，时间继电器 KT1 线圈得电，其延时断开触点 KT1-1 延时一段时间后断开，交流接触器 KM1、KM2 线圈均失电，所有触点均复位，主电路中将变频器与三相交流电源断开，同时变频电路供电指示灯 HL1 熄灭。

时间继电器 KT1 的延时闭合的触点 KT1-2 延时一段时间后闭合，工频运行接触器 KM3 线圈得电，同时，工频运行指示灯 HL3 点亮。

工频运行接触器 KM3 的常闭辅助触点 KM3-2 断开，防止交流接触器 KM2、KM1 线圈得电（起联锁保护作用）；常开主触点 KM3-1 闭合，水泵电动机接入工频电源，开始运行。

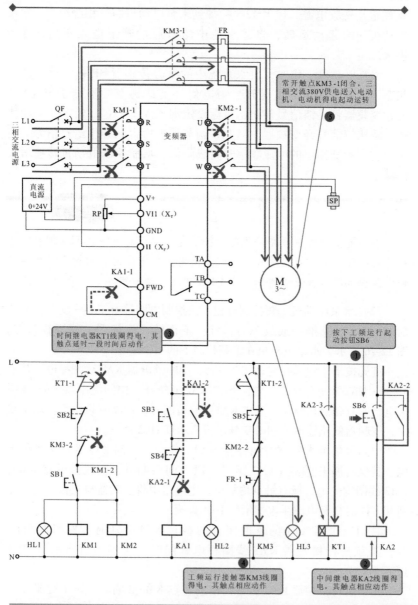

常开触点KM3-1闭合，三相交流380V供送入电动机，电动机得电起动运转 ⑤

时间继电器KT1线圈得电，其触点延时一段时间后动作 ③

按下工频运行起动按钮SB6 ①

工频运行接触器KM3线圈得电，其触点相应动作 ④

中间继电器KA2线圈得电，其触点相应动作 ②

图 12-26　水泵电动机在工频控制下的工作过程

要点说明

在变频器控制电路中，进行工频/变频切换时需要注意：①电动机从变频控制电路切出前，变频器必须停止输出；②当变频运行切换到工频运行时，需采用同步切换的方法，即切换前变频器输出频率应达到工频（50Hz），切换后延时 0.2~0.4s，此时电动机的转速应控制在额定转速的80%以内；③当由工频运行切换到变频运行时，应保证变频器的输出频率与电动机的运行频率一致，以减小冲击电流。

12.3　运料小车的自动化控制

12.3.1　运料小车的 PLC 控制系统

在日常生产生活中，自动运行的运料小车是比较常见的，而使用 PLC 进行控制，可以避免进行复杂的电路连接，并能够对小车的往返运行进行自动控制，避免出现人为误操作的现象。下面就以一种运料小车往返运行控制电路为例，介绍其 PLC 控制过程。

图 12-27 所示为运料小车往返运行的功能示意图。该运料小车由起动（右移起动、左移动起动）和停止按钮进行控制，首先运料小车右移起动运行后，右移到限位开关 SQ1 处，此时小车停止并开始进行装料，30s 后装料完毕。然后小车自动开始左移，当小车左移至限位开关 SQ2 处时，小车停止并开始进行卸料，1min 后卸料结束，再自动右移，如此循环工作，直到按下停止按钮。

图 12-28 所示为运料小车往返运行的控制电路。

图中的 SB1 为右移起动按钮，SB2 为左移起动按钮，SB3 为停止按钮，SQ1 和 SQ2 分别为右移和左移限位开关，KM1 和 KM2 分别为右移和左移控制继电器，KM3 和 KM4 分别为装料和卸料控制继电器。

该控制电路采用三菱 FX$_{2N}$ 系列 PLC，电路中 PLC 控制 I/O 分配见表 12-4。

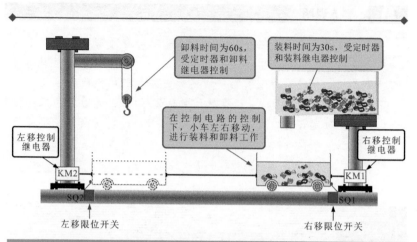

图 12-27　运料小车往返运行的功能示意图

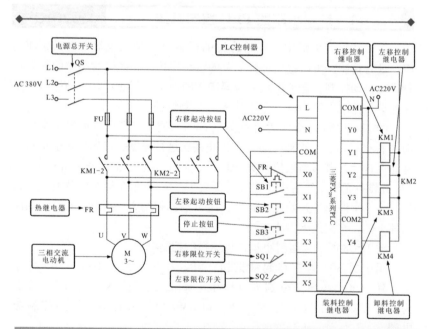

图 12-28　运料小车往返运行的控制电路

表 12-4　运料小车往返控制电路中三菱 FX_{2N} 系列 PLC 控制 I/O 分配表

输入信号及地址编号			输出信号及地址编号		
名称	代号	输入点地址编号	名称	代号	输出点地址编号
过热保护继电器	FR	X0	右行控制继电器	KM1	Y1
右行控制起动按钮	SB1	X1	左行控制继电器	KM2	Y2
左行控制起动按钮	SB2	X2	装料控制继电器	KM3	Y3
停止按钮	SB3	X3	卸料控制继电器	KM4	Y4
右行限位开关	SQ1	X4			
左行限位开关	SQ2	X5			

图 12-29 所示为控制电路中 PLC 内部的梯形图和语句表。可对照 PLC 控制电路和 I/O 分配表，在梯形图中进行适当文字注解，然后再根据操作动作具体分析运料小车往返运行的控制过程。

要点说明

　　三菱 PLC 定时器的设定值（定时时间 T）= 计时单位×计时常数（K）。其中计时单位有 1ms、10ms 和 100ms，不同的编程应用中，不同的定时器，其计时单位也会不同。因此在设置定时器时，可以通过改变计时常数（K）来改变定时时间。三菱 FX_{2N} 型 PLC 中，一般用十进制的数来确定 K 值（0～32767），例如三菱 FX_{2N} 型 PLC 中，定时器的计时单位为 100ms，其时间常数 K 值为 50，则 T = 100ms×50 = 5000ms = 5s。

12.3.2　运料小车的 PLC 控制过程

1. 运料小车右移和装料的工作过程

　　运料小车开始工作，需要先右移到装料点，然后在定时器和装料继电器的控制下进行装料，下面分析运料小车右移和装料的工作过程，如图 12-30 所示。

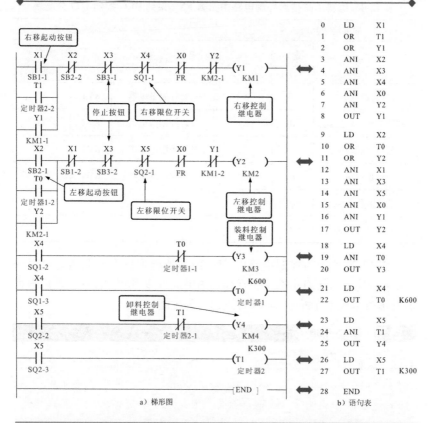

a）梯形图　　　　　　　　　　　　　　　　　　b）语句表

图 12-29　采用三菱 FX$_{2N}$ 系列 PLC 的控制梯形图和语句表

❶ 按下右移起动按钮 SB1，将 PLC 程序中输入继电器常开触点 X1 置"1"，常闭触点 X1 置"0"。

❶ → 2-1 控制输出继电器 Y1 的常开触点 X1 闭合。

→ 2-2 控制输出继电器 Y2 的常闭触点 X1 断开，实现输入继电器互锁，防止 Y2 得电。

2-1 → ❸ 输出继电器 Y1 线圈得电。

→ 3-1 自锁常开触点 Y1 闭合实现自锁功能。

→ 3-2 控制输出继电器 Y2 的常闭触点 Y1 断开，实现互锁，防止 Y2 得电。

→ 3-3 控制 PLC 外接交流接触器 KM1 线圈得电，主电路中的主触点 KM1-2 闭合，接通电动机电源，电动机起动正向运转，此时小车开始向右移动。

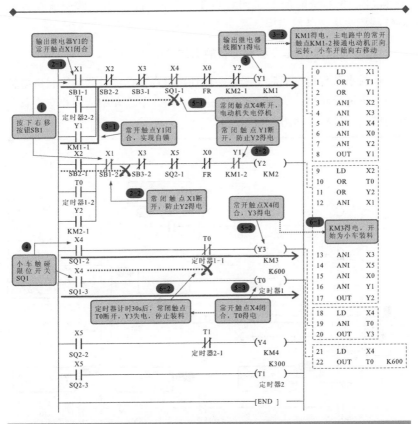

图 12-30　运料小车右移和装料的工作过程

④ 小车右移至限位开关 SQ1 处，SQ1 动作，将 PLC 程序中输入继电器常闭触点 X4 置"0"，常开触点 X4 置"1"。

④ → 5-1 控制输出继电器 Y1 的常闭触点 X4 断开，Y1 线圈失电，即 KM1 线圈失电，电动机停机，小车停止右移。

→ 5-2 控制输出继电器 Y3 的常开触点 X4 闭合，Y3 线圈得电。

→ 5-3 控制输出继电器 T0 的常开触点 X4 闭合，定时器 T0 线圈得电。

5-2 → 6-1 控制 PLC 外接交流接触器 KM3 线圈得电，开始为小车装料。

 → 6-2 定时器开始计时，计时时间到（延时 30s），其控制输出继电器 Y3 的延时断开常闭触点 T0 断开，Y3 失电，即交流接触器 KM3 线圈失电，装料完毕。

2. 运料小车左移和卸料的工作过程

运料小车装料完毕后，需要左移到卸料点，在定时器和卸料继电器的控制下进行卸料，卸料后再右行进行装料。下面介绍运料小车左移和卸料的工作过程，如图 12-31 所示。

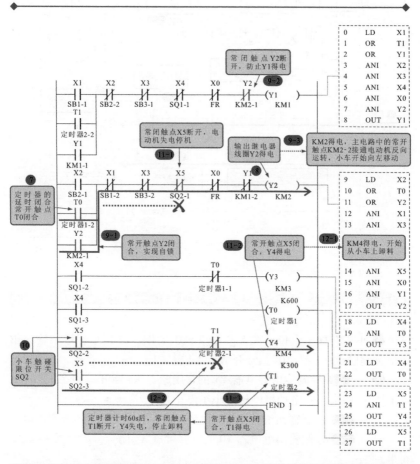

图 12-31　运料小车左移和卸料的工作过程

6-2 → 7 计时时间到（装料完毕），定时器的延时闭合常开触点 T0 闭合。

7 → 8 控制输出继电器 Y2 的延时闭合常开触点 T0 闭合，输出继电器 Y2 线圈得电。

8 → 9-1 自锁常开触点 Y2 闭合实现自锁功能；

8 → 9-2 控制输出继电器 Y1 的常闭触点 Y2 断开，实现互锁，防止 Y1 得电；

8 → 9-3 控制 PLC 外接交流接触器 KM2 线圈得电，主电路中的主触点 KM2-2 闭合，接通电动机电源，电动机起动反向运转，此时小车开始向左移动。

10 小车左移至限位开关 SQ2 处，SQ2 动作，将 PLC 程序中输入继电器常闭触点 X5 置"0"，常开触点 X5 置"1"。

10 → 11-1 控制输出继电器 Y2 的常闭触点 X5 断开，Y2 线圈失电，即 KM2 线圈失电，电动机停机，小车停止左移。

10 → 11-2 控制输出继电器 Y4 的常开触点 X5 闭合，Y4 线圈得电。

10 → 11-3 控制输出继电器 T1 的常开触点 X5 闭合，定时器 T1 线圈得电。

11-2 → 12-1 控制 PLC 外接交流接触器 KM4 线圈得电，开始为小车卸料。

11-3 → 12-2 定时器开始计时，计时时间到（延时 60s），其控制输出继电器 Y4 的延时断开常闭触点 T1 断开，Y4 失电，即交流接触器 KM4 线圈失电，卸料完毕。

要点说明

　　计时时间到（装料完毕），定时器的延时闭合常开触点 T1 闭合，使 Y1 得电，右移控制继电器 KM1 得电，主电路的常开主触点 KM1-2 闭合，电动机再次正向起动运转，小车再次向右移动。如此反复，运料小车即实现了自动控制的过程。

　　当按下停止按钮 SB3 后，将 PLC 程序中输入继电器常闭触点 X3 置"0"，即常闭触点断开，Y1 和 Y2 均失电，电动机停止运转，此时小车停止移动。

12.4 水塔给水的自动化控制

12.4.1 水塔给水的 PLC 控制系统

水塔在工业设备中主要起到蓄水的作用，水塔的高度很高，为了使水塔中的水位保持在一定的高度，通常需要一种自动控制电路对水塔的水位进行检测，同时为水塔进行给水控制。图 12-32 所示为水塔水位自动控制电路的结构图，它是由 PLC 控制各水位传感器、水泵电动机、电磁阀等部件实现对水塔和蓄水池蓄水、给水的自动控制。

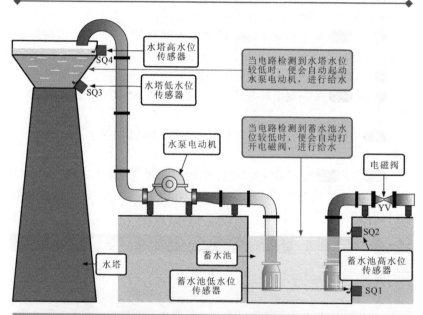

图 12-32 水塔水位自动控制系统的结构

图 12-33 所示为水塔水位自动控制电路中的 PLC 梯形图和语句表，表 12-5 为 PLC 的 I/O 地址分配。结合 I/O 地址分配表，了解该梯形图和语句表中各触点及符号标识的含义，并将梯形图和语句表相结合进行分析。

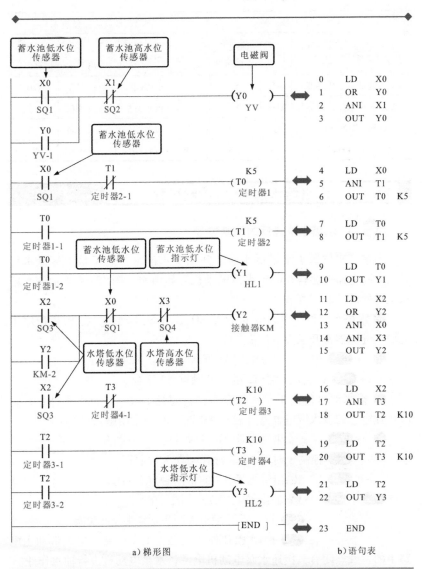

a）梯形图   b）语句表

图 12-33   水塔水位自动控制电路中的 PLC 梯形图和语句表

表 12-5　水塔水位自动控制电路中的 PLC 梯形图 I/O
地址分配表（三菱 FX$_{2N}$ 系列 PLC）

输入信号及地址编号			输出信号及地址编号		
名称	代号	输入点地址编号	名称	代号	输出点地址编号
蓄水池低水位传感器	SQ1	X0	电磁阀	YV	Y0
蓄水池高水位传感器	SQ2	X1	蓄水池低水位指示灯	HL1	Y1
水塔低水位传感器	SQ3	X2	接触器	KM	Y2
水塔高水位传感器	SQ4	X3	水塔低水位指示灯	HL2	Y3

12.4.2　水塔给水的 PLC 控制过程

1. 水塔水位过低的控制过程

当水塔水位低于水塔低水位，并且蓄水池水位高于蓄水池低水位时，控制电路便会自动起动水泵电动机开始给水，图 12-34 所示为水塔水位过低的控制过程。

① 水塔水位低于低水位传感器 SQ3，其 SQ3 动作，将 PLC 程序中的输入继电器常开触点 X2 置"1"。

①→ 2-1 控制输出继电器 Y2 的常开触点 X2 闭合。

→ 2-2 控制定时器 T2 的常开触点 X2 闭合。

③ 蓄水池水位高于蓄水池低水位传感器 SQ1，其 SQ1 不动作，将 PLC 程序中的输入继电器常开触点 X0 置"0"，常闭触点 X0 置"1"。

③→ 4-1 控制输出继电器 Y0 的常开触点 X0 断开。

→ 4-2 控制定时器 T0 的常开触点 X0 断开。

→ 4-3 控制输出继电器 Y2 的常闭触点 X0 闭合。

2-1 + 4-3 → ⑤ 输出继电器 Y2 线圈得电。

→ 5-1 自锁常开触点 Y2 闭合实现自锁功能。

→ 5-2 控制 PLC 外接接触器 KM 线圈得电，带动主电路中的主触点闭合，接通水泵电动机电源，水泵电动机进行抽水作业。

2-2 → ⑥ 定时器 T2 线圈得电，开始计时。

→ 6-1 计时时间到（延时 1s），其控制定时器 T3 的延时闭合常开触点 T2 闭合。

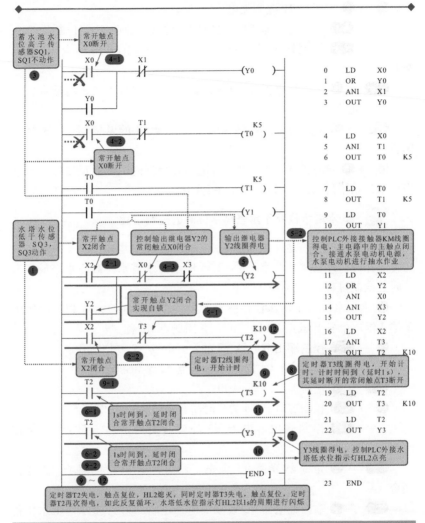

图 12-34   水塔水位过低的控制过程

→ **6-2** 计时时间到（延时 1s），其控制输出继电器 Y3 的延时闭合的常开触点 T2 闭合。

6-2 → **7** 输出继电器 Y3 线圈得电，控制 PLC 外接水塔低水位指示灯 HL2 点亮。

6-1 → **8** 定时器 T3 线圈得电，开始计时。计时时间到（延时 1s），其延时断开的常闭触点 T3 断开。

⑧ → ⑨ 定时器 T2 线圈失电。

　　→ ⑨-1 控制定时器 T3 的延时闭合的常开触点 T2 复位断开。

　　→ ⑨-2 控制输出继电器 Y3 的延时闭合的常开触点 T2 复位断开。

⑨-2 → ⑩ 输出继电器 Y3 线圈失电，控制 PLC 外接水塔低水位指示灯 HL2 熄灭。

⑨-1 → ⑪ 定时器线圈 T3 失电，延时断开的常闭触点 T3 复位闭合。

⑪ → ⑫ 定时器 T2 线圈再次得电，开始计时。如此反复循环，水塔低水位指示灯 HL2 以 1s 的周期进行闪烁。

2. 水塔水位高于水塔高水位时的控制过程

水泵电动机不停地往水塔中注入清水，直到水塔水位高于水塔高水位传感器时，才会停止注水。图 12-35 所示为水塔水位高于水塔最高水位时的控制过程。

① 水塔水位高于低水位传感器 SQ3，其 SQ3 复位，将 PLC 程序中的输入继电器常开触点 X2 置"0"，常闭触点 X2 置"1"。

① → ②-1 控制输出继电器 Y2 的常开触点 X2 复位断开。

　　→ ②-2 控制定时器 T2 的常开触点 X2 复位断开。

②-2 → ③ 定时器 T2 线圈失电。

③ → ④-1 控制定时器 T3 的延时闭合常开触点 T2 复位断开。

　　→ ④-2 控制输出继电器 Y3 的延时闭合的常开触点 T2 复位断开。

④-1 → ⑤ 定时器线圈 T3 失电，延时断开的常闭触点 T3 复位闭合。

④-2 → ⑥ 输出继电器 Y3 线圈失电，控制 PLC 外接水塔低水位指示灯 HL2 熄灭。

⑦ 水塔水位高于水塔高水位传感器 SQ4，其 SQ4 动作，将 PLC 程序中的输入继电器常闭触点 X3 置"0"，即常闭触点 X3 断开。

⑦ → ⑧ 输出继电器 Y2 线圈失电。

⑧ → ⑨-1 自锁常开触点 Y2 复位断开。

　　→ ⑨-2 控制 PLC 外接接触器 KM 线圈失电，带动主电路中的主触点复位断开，切断水泵电动机电源，水泵电动机停止抽水作业。

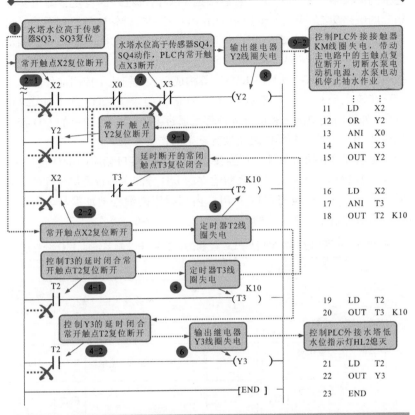

图 12-35　水塔水位高于水塔最高水位时的控制过程

12.5　工控机床的自动化控制

12.5.1　工控机床的 PLC 控制系统

工控机床的 PLC 控制系统是指由 PLC 作为核心控制部件来对各种机床传动设备（电动机）的不同运转过程进行控制，从而实现其相应的切削、磨削、钻孔、传送等功能的控制线路。

在 PLC 机床控制系统中，主要用 PLC 控制方式取代了电气部件之间复杂的连接关系。机床控制系统中各主要控制部件和功能部件都直接连接到 PLC 相应的接口上，然后根据 PLC 内部程序的设定，即可实现相应的电路功能。图 12-36 所示为由 PLC 控制摇臂钻床的控制系统。可以看到，整个电路主要由 PLC 控制器、与 PLC 输入接口连接的控制部件（KV-1、SA1-1~SA1-4、SB1~SB2、SQ1~SQ4）、与 PLC 输出接口连接的执行部件（KV、KM1~KM5）等构成，大大简化了控制部件。

　　在该电路中，PLC 控制器采用的是西门子 S7-200 型（CPU224）PLC，外部的控制部件和执行部件都是通过 PLC 控制器预留的 I/O 接口连接到 PLC 上的，各部件之间没有复杂的连接关系。

　　控制部件和执行部件分别连接到 PLC 输入接口相应的 I/O 接口上，它是根据 PLC 控制系统设计之初建立的 I/O 分配表进行连接分配的，其所连接的接口名称也将对应于 PLC 内部程序的编程地址编号。由 PLC 控制的摇臂钻床控制系统的 I/O 分配表见表 12-6。

表 12-6　由西门子 S7-200 型 PLC 控制的摇臂钻床控制系统的 I/O 分配表

输入信号及地址编号			输出信号及地址编号		
名称	代号	输入点地址编号	名称	代号	输出点地址编号
电压继电器触点	KV-1	I0.0	电压继电器	KV	Q0.0
十字开关的控制电路电源接通触点	SA1-1	I0.1	主轴电动机 M1 接触器	KM1	Q0.1
十字开关的主轴运转触点	SA1-2	I0.2	摇臂升降电动机 M3 上升接触器	KM2	Q0.2
十字开关的摇臂上升触点	SA1-3	I0.3	摇臂升降电动机 M3 下降接触器	KM3	Q0.3
十字开关的摇臂下降触点	SA1-4	I0.4	立柱松紧电动机 M4 放松接触器	KM4	Q0.4
立柱放松按钮	SB1	I0.5	立柱松紧电动机 M4 夹紧接触器	KM5	Q0.5
立柱夹紧按钮	SB2	I0.6			
摇臂上升上限位开关	SQ1	I1.0			
摇臂下降下限位开关	SQ2	I1.1			
摇臂下降夹紧行程开关	SQ3	I1.2			
摇臂上升夹紧行程开关	SQ4	I1.3			

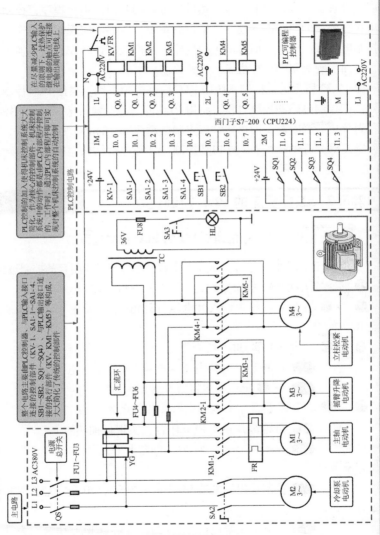

图12-36　由 PLC 控制摇臂钻床的控制系统

PLC控制的加入使得机床控制系统大大简化。作为核心的控制部件，机床控制系统中的动作都是由PLC与编程器即可实的。工作时，通过PLC的编程控制即可实现对整个机床控制系统的自动控制。

在尽量减少PLC输入的前提下，过热保护继电器的触点可直接在输出端的传输线上。

整个电路主要由PLC控制器、与PLC输入接口连接的控制部件（KV-1、SA1-1~SA1-4、SB1~SB2、SQ1~SQ4）、与PLC输出接口连接的执行部件（KV、KM1~KM5）等构成，大大简化了传统系统的控制部件。

　　PLC 控制的加入使得机床控制系统大大简化，作为核心的控制部件，控制着机床控制系统中的所有动作。

　　工作时，当 PLC 输入接口外接控制部件输入控制信号时，由 PLC 内部微处理器识别该控制信号，然后通过调用其内部用户程序，控制其输出接口外接的执行部件动作，使控制系统主电路中实现相应动作，由此控制电动机运转，从而带动工控机床中的机械部件动作，进行加工操作，进而实现对整个工控机床的自动控制。

　　图 12-37 所示为该控制系统中 PLC 内部的梯形图。根据 PLC 控制的摇臂钻床控制电路的控制过程，将由 PLC 控制的摇臂钻床控制系统控制过程划分成三个阶段，即摇臂钻床主轴电动机 M1 的 PLC 控制过程、摇臂钻床摇臂升降电动机 M3 的 PLC 控制过程和摇臂钻床立柱松紧电动机 M4 的 PLC 控制过程。

12.5.2　工控机床的 PLC 控制过程

 1. 摇臂钻床主轴电动机 M1 的 PLC 控制过程

图 12-38 所示为将十字开关拨至左端常开触点 SA1-1 闭合的控制过程。

❶ 将十字开关 SA1 拨至左端，常开触点 SA1-1 闭合。

❶ → ❷ 将 PLC 程序中输入继电器常开触点 I0.1 置 "1"，即常开触点 I0.1 闭合。

❷ → ❸ 输出继电器 Q0.0 线圈得电。

　　　3-1 控制 PLC 外接电压继电器 KV 线圈得电。

　　　3-2 → ❹ 电压继电器常开触点 KV-1 闭合。

❹ → ❺ 将 PLC 程序中输入继电器常开触点 I0.0 置 "1"。

　　　5-1 自锁常开触点 I0.0 闭合，实现自锁功能。

　　　5-2 控制输出继电器 Q0.1 的常开触点 I0.0 闭合，为其得电做好准备。

　　　5-3 控制输出继电器 Q0.2 的常开触点 I0.0 闭合，为其得电做好准备。

　　　5-4 控制输出继电器 Q0.3 的常开触点 I0.0 闭合，为其得电做好准备。

　　　5-5 控制输出继电器 Q0.4 的常开触点 I0.0 闭合，为其得电做好准备。

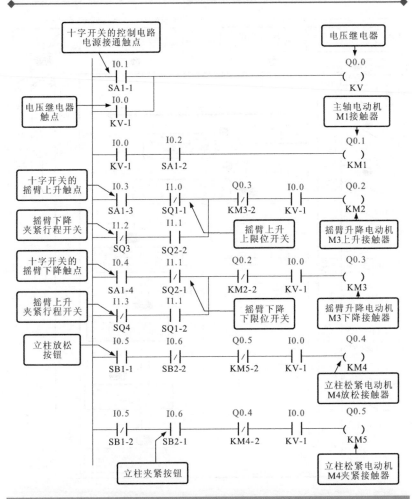

图 12-37 　由 PLC 控制的摇臂钻床控制系统的梯形图

❻ 控制输出继电器 Q0.5 的常开触点 I0.0 闭合，为其得电做好准备。

将十字开关 SA1 拨至右端，常开触点 SA1-2 闭合。PLC 程序中输入继电器常开触点 I0.2 置 "1"，即常开触点 I0.2 闭合。输出继电器 Q0.1 线圈得电。控制 PLC 外接接触器 KM1 线圈得电，主电路中的主触点 KM1-1 闭合，接通主轴电动机 M1 电源，主轴电动机 M1 起动运转。

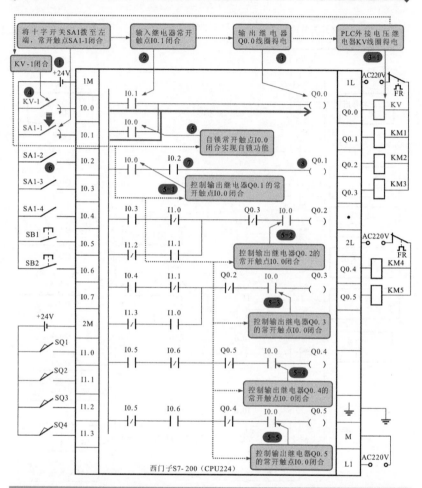

图12-38　摇臂钻床主轴电动机 M1 的 PLC 控制过程

 2. 摇臂钻床摇臂升降电动机 M3 的 PLC 控制过程

如图 12-39 所示，将十字开关拨至上端，常开触点 SA1-3 闭合时，PLC 控制下摇臂钻床的摇臂升降电动机 M3 上升的控制过程。

⑨ 将十字开关拨至上端，常开触点 SA1-3 闭合。

⑨ → ⑩ 将 PLC 程序中输入继电器常开触点 I0.3 置"1"，即常开触点 I0.3 闭合。

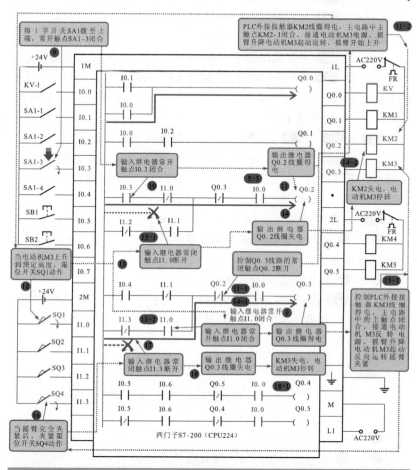

图 12-39　十字开关拨至上端摇臂升降电动机 M3 上升的控制过程

⑩ + **5-3** → **⑪** 输出继电器 Q0.2 线圈得电。

　　⑪-1 控制输出继电器 Q0.3 的常闭触点 Q0.2 断开，实现互锁控制。

　　⑪-2 控制 PLC 外接接触器 KM2 线圈得电，主电路中的主触点 KM2-1 闭合，接通电动机 M3 电源，摇臂升降电动机 M3 起动运转，摇臂开始上升。

　　⑫ 当电动机 M3 上升到预定高度时，触动限位开关 SQ1 动作。

　　⑫ → **⑬** 将 PLC 程序中输入继电器 I1.0 相应动作。

⑬-1 常闭触点 I1.0 置"0"，即常闭触点 I1.0 断开。

⑬-2 常开触点 I1.0 置"1"，即常开触点 I1.0 闭合。

⑬-1 → ⑭ 输出继电器 Q0.2 线圈失电。

⑭-1 控制输出继电器 Q0.3 的常闭触点 Q0.2 复位闭合。

⑭-2 控制 PLC 外接接触器 KM2 线圈失电，带动主电路中的主触点 KM2-1 复位断开，切断电动机 M3 电源，摇臂升降电动机 M3 停止运转，摇臂停止上升。

⑬-2 + ⑭-1 + ⑤-4 → ⑮ 输出继电器 Q0.3 线圈得电。

⑮-1 控制 PLC 外接接触器 KM3 线圈得电，带动主电路中的主触点 KM3-1 闭合，接通电动机 M3 反转电源，摇臂升降电动机 M3 起动反向运转，将摇臂夹紧。

⑮-1 → ⑯ 当摇臂完全夹紧后，夹紧限位开关 SQ4 动作。

⑯ → ⑰ 将 PLC 程序中输入继电器常闭触点 I1.3 置"0"，即常闭触点 I1.3 断开。

⑰ → ⑱ 输出继电器 Q0.3 线圈失电。

⑱-1 控制 PLC 外接接触器 KM3 线圈失电，主电路中的主触点 KM3-1 复位断开，电动机 M3 停转，摇臂升降电动机自动上升并夹紧的控制过程结束。

3. 摇臂钻床立柱松紧电动机 M4 的 PLC 控制过程

如图 12-40 所示，按下立柱放松按钮 SB1 时，摇臂钻床的立柱松紧电动机 M4 起动，立柱松开的控制过程。

⑲ 按下按钮 SB1。

⑲ → ⑳ PLC 程序中的输入继电器 I0.5 动作。

⑳-1 控制输出继电器 Q0.4 的常开触点 I0.5 闭合。

⑳-2 控制输出继电器 Q0.5 的常闭触点 I0.5 断开，防止输出继电器 Q0.5 线圈得电，实现互锁。

㉑-1 → ㉑ 输出继电器 Q0.4 线圈得电。

㉑-1 控制 PLC 外接交流接触器 KM4 线圈得电，主电路中的主触点 KM4-1 闭合，接通电动机 M4 正向电源，立柱松紧电动机 M4 正向起动运转，立柱松开。

㉑-2 控制输出继电器 Q0.5 的常闭触点 Q0.4 断开，实现互锁。

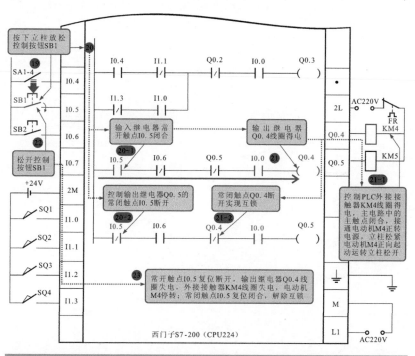

图 12-40　按下按钮 SB1 时立柱松紧电动机 M4 起动的控制过程

㉒ 松开按钮 SB1。

㉒ → ㉓ PLC 程序中的输入继电器 I0.5 复位，其常开触点 I0.5 复位断开；常闭触点 I0.5 复位闭合。PLC 外接接触器 KM4 线圈失电，主电路中的主触点 KM4-1 复位断开，电动机 M4 停转。